普通高等教育"十二五"规划教材

大学计算机学习指导

刘锦萍　殷联甫　焦丽莉　主编

电子工业出版社
Publishing House of Electronics Industry
北京·BEIJING

内 容 简 介

本书是与《大学计算机》(ISBN 978-7-121-26047-6)配套的学习辅导教材。

全书分两部分：实验部分包括 16 个实验，每个实验阐述了实验目的、实验内容、实验操作步骤、操作练习题，涵盖了 Windows 7、Word 2010、Excel 2010、PowerPoint 2010、IE 8 浏览器、网页制作、Outlook 2010 等内容；习题部分给出了计算机基础知识题及参考答案（通过扫描二维码获取），包括大学计算机课程的基本知识和基本操作的相关题目。

本书各章实验目的明确，并对主教材内容进行了扩充。实验内容由浅入深，循序渐进，操作步骤详细，适合于不同学校和不同层次的学生使用。

未经许可，不得以任何方式复制或抄袭本书之部分或全部内容。
版权所有，侵权必究。

图书在版编目(CIP)数据

大学计算机学习指导 /刘锦萍，殷联甫，焦丽莉主编. —北京：电子工业出版社，2015.8
ISBN 978-7-121-26046-9

Ⅰ. ① 大… Ⅱ. ① 刘… ② 殷… ③ 焦… Ⅲ. ① 电子计算机－高等学校－教材 Ⅳ. ① TP3

中国版本图书馆 CIP 数据核字（2015）第 098712 号

策划编辑：章海涛
责任编辑：章海涛　　　　　　特约编辑：何　雄
印　　刷：北京虎彩文化传播有限公司
装　　订：北京虎彩文化传播有限公司
出版发行：电子工业出版社
　　　　　北京市海淀区万寿路 173 信箱　　邮编　100036
开　　本：787×1092　1/16　　印张：11.5　　字数：300 千字
版　　次：2015 年 8 月第 1 版
印　　次：2020 年 9 月第 6 次印刷
定　　价：29.00 元

凡所购买电子工业出版社图书有缺损问题，请向购买书店调换。若书店售缺，请与本社发行部联系，联系及邮购电话：（010）88254888。

质量投诉请发邮件至 zlts@phei.com.cn，盗版侵权举报请发邮件至 dbqq@phei.com.cn。
服务热线：（010）88258888。

前　言

本书是与《大学计算机》(ISBN 978-7-121-26047-6)配套的辅导书，旨在使学生快速掌握办公自动化应用技术，培养和提高学生的计算机操作技能和综合运用计算机知识的能力。作为面向应用的大学计算机入门课程，上机实践是一个非常重要的环节。本书以主教材为基础，结合浙江省普通高校非计算机专业学生计算机等级考试（二级）"高级办公软件应用"及全国计算机等级考试一级、二级要求而编写，内容全面丰富、简洁高效，便于读者学习。

全书分为实验、习题两部分。

实验部分针对教材《大学计算机》(ISBN 978-7-121-26047-6)安排了16个实验，主要包括计算机硬件基本操作、Windows 7 操作系统、Word 2010 文字处理、Excel 2010 电子表格的制作和处理、PowerPoint 2010 演示文稿的制作、IE 8 浏览器的使用、Outlook 2010 邮件与事务日程管理、网页设计与制作等内容。

每个实验目的明确，内容、步骤清楚，由浅入深、循序渐进，学生可在教师指导下完成或独立完成。除此之外，每个实验的后面都给出了一些操作练习题，启发学生对学过的概念、技巧进行总结，进一步强化对知识点的理解和应用。

实验内容除了基本操作之外，还设置了高级操作、综合应用，既注重基础又突出重点，满足不同层次教学要求。

习题部分是大学计算机应用的基础知识习题及参考答案（通过扫描二维码获取），涵盖了考试大纲指定的要求。通过这些习题，学生可进一步深化对计算机基本原理、基础知识和基本应用方法的理解。

参与本书编写工作的都是学校从事计算机基础教育多年、有着丰富教学经验的老师，所有实验都经过精心设计。全书由刘锦萍统稿，实验1、2由殷联甫编写，实验3、4由张丽华编写，实验5、6、7由刘锦萍编写，实验8、9、10由梁田编写，实验11、12由焦丽莉编写，实验13由郑轲编写，实验14、15由叶培松编写，实验16由楼晓燕编写。

因编者水平有限，书中难免有疏漏和不足之处，望广大读者批评指正。

作　者

目 录

实验部分

实验 1 计算机组装与维护 3
  实验目的 3
  实验内容 3
  实验操作 3
  操作练习 6

实验 2 DEBUG 调试程序的使用 7
  实验目的 7
  实验内容 7
  实验操作 7
  操作练习 10

实验 3 Windows 7 的基本操作和环境设置 11
  实验目的 11
  实验内容 11
  实验操作 12
  操作练习 20

实验 4 Windows 7 的文件管理 21
  实验目的 21
  实验内容 21
  实验操作 22
  操作练习 26

实验 5 Word 2010 基本操作 28
  实验目的 28
  实验内容 28
  实验操作 29
  操作练习 35

实验 6 Word 2010 文档的表格与图文混排 36
  实验目的 36
  实验内容 36
  实验操作 38
  操作练习 43

实验 7 Word 2010 综合应用 44
  实验目的 44

实验内容 44
　　实验操作 47
　　操作练习 54

实验 8　Excel 2010 基本操作 55
　　实验目的 55
　　实验内容 55
　　实验操作 56
　　操作练习 62

实验 9　Excel 2010 高级操作 64
　　实验目的 64
　　实验内容 64
　　实验操作 65
　　操作练习 74

实验 10　Excel 2010 综合应用 76
　　实验目的 76
　　实验内容 76
　　实验操作 77
　　操作练习 86

实验 11　PowerPoint 2010 基本操作 89
　　实验目的 89
　　实验内容 89
　　实验操作 90
　　操作练习 97

实验 12　PowerPoint 2010 演示文稿放映操作 98
　　实验目的 98
　　实验内容 98
　　实验操作 99
　　操作练习 106

实验 13　Internet Explorer 浏览器的使用 107
　　实验目的 107
　　实验内容 107
　　实验操作 107
　　操作练习 111

实验 14　用 Dreamweaver 设计和发布站点 112
　　实验目的 112
　　实验内容 112
　　实验操作 112
　　操作练习 120

实验 15	利用表格和框架进行页面布局设计	121
	实验目的	121
	实验内容	121
	实验操作	121
	操作练习	126
实验 16	Outlook 2010 基本操作	127
	实验目的	127
	实验内容	127
	实验操作	127
	操作练习	136

习题部分

第 1 章	计算机基础知识	139
第 2 章	操作系统 Windows 7	144
第 3 章	文字处理软件 Word 2010	149
第 4 章	电子表格处理软件 Excel 2010	155
第 5 章	演示文稿制作软件 PowerPoint 2010	161
第 6 章	计算机网络基础	167
第 7 章	网页制作基础	172

参考文献 175

实验部分

实验 1　计算机组装与维护
实验 2　DEBUG 调试程序的使用
实验 3　Windows 7 的基本操作和环境设置
实验 4　Windows 7 的文件管理
实验 5　Word 2010 基本操作
实验 6　Word 文档的表格与图文混排
实验 7　Word 2010 综合应用
实验 8　Excel 2010 基本操作
实验 9　Excel 2010 高级操作
实验 10　Excel 2010 综合应用
实验 11　PowerPoint 2010 基本操作
实验 12　PowerPoint 2010 演示文稿放映操作
实验 13　Internet Explorer 浏览器的使用
实验 14　用 Dreamweaver 设计和发布站点
实验 15　利用表格和框架进行页面布局设计
实验 16　Outlook 2010 基本操作

实验 1

计算机组装与维护

实验目的

❶ 深入了解微型计算机的内部结构,熟练掌握识别计算机内部各主要部件的方法。
❷ 熟练掌握微型计算机硬件安装的基本方法与步骤。

实验内容

❶ 识别微型计算机的各主要部件,自己动手组装一台计算机;熟悉计算机的实体构成,以及一些芯片的应用和在计算机实体中的位置。
❷ 了解计算机硬件发展状况,可以独立安装计算机硬件及线路。

实验操作

1. 计算机硬件的识别

计算机主要由运算器、控制器、存储器、输入设备和输出设备等 5 个逻辑部件组成。

从外观来看,微机由主机箱和外部设备组成。主机箱主要包括 CPU、内存、主板、硬盘驱动器、光盘驱动器、各种扩展卡、连接线、电源等;外部设备包括鼠标、键盘、显示器、音箱等,这些设备通过接口和连接线与主机相连。

主板又叫主机板(mainboard)、系统板(systemboard)或母板(motherboard),安装在机箱内,是微机最基本也是最重要的部件之一。主板一般为矩形电路板,上面安装了组成计算机的主要电路系统,如 BIOS 芯片、I/O 控制芯片、键盘和面板控制开关接口、指示灯插接件、扩充插槽、主板及插卡的直流电源供电接插件等元件。

主板采用了开放式结构,有 6~8 个扩展插槽,供外围设备的控制卡(适配器)插接。通过更换这些插卡,可以对微机的相应子系统进行局部升级,使厂家和用户在配置机型方面有更大的灵活性。

总之,主板在整个微机系统中扮演着举足轻重的角色。可以说,主板的类型和档次决定着整个微机系统的类型和档次,主板的性能影响着整个微机系统的性能。

（1）印制电路板（Printed Circuit Board，PCB）

印制电路板 PCB 是所有计算机板卡所不可或缺的部件，实际是由几层树脂材料黏合在一起的，内部采用铜箔走线。一般的 PCB 线路板分 4 层，最上层和最下层都是信号层，中间两层是接地层和电源层。将接地层和电源层放在中间可以容易地对信号线进行修正。而一些要求较高的主板的线路板可达到 6~8 层或更多。就像种粮食庄稼的土地一样，线路板是主板的各种零件扎根并且运行的地方。

（2）CPU（Central Processing Unit，中央处理器）插座

CPU 插座是主板上安装处理器的地方，有散热片。

CPU 一般由控制器和运算器两部分组成，包括逻辑运算单元、控制单元和存储单元。逻辑运算和控制单元包括一些寄存器，这些寄存器用于 CPU 在处理数据过程中暂时保存数据。

（3）芯片组

如果说 CPU 是整个计算机系统的心脏，那么芯片组将是整个身体的躯干。对于主板而言，芯片组是主板的灵魂，几乎决定了主板的功能，进而影响到整个计算机系统性能的发挥。

（4）内存插槽

内存插槽是主板上用来安装内存的地方。目前常见的内存插槽为 SDRAM 内存、DDR 内存插槽。

内存是应用程序工作的地方，长期存储的地方才是硬盘。通常所说的内存即指计算机系统中的 RAM。RAM 有些像教室里的黑板，上课时老师不断地往黑板上面写东西，下课以后全部擦除。RAM 要求每时每刻都不断供电，否则数据会丢失。

内存在计算机中的作用很大，计算机中所有运行的程序都需要经过内存来执行，如果执行的程序很大或很多，就会导致内存消耗殆尽。为了解决这个问题，Windows 操作系统运用了虚拟内存技术，即拿出一部分硬盘空间来充当内存使用，当内存占用完时，计算机会自动调用硬盘来充当内存，以缓解内存的紧张。

（5）PCI（Peripheral Component Interconnect）插槽

PCI 插槽是由 Intel 公司推出的一种局部总线，定义了 32 位数据总线，且可扩展为 64 位，为显卡、声卡、网卡、电视卡、Modem 等设备提供连接接口。

（6）AGP（Accelerated Graphics Port，图形加速端口）插槽

AGP 是在 PCI 总线基础上发展起来的，主要针对图形显示方面进行优化，专门用于图形显示卡。AGP 是专供 3D 加速卡（3D 显卡）使用的接口。

AGP 插槽通常是棕色，但是它与 PCI、ISA（Industry Standard Architecture）插槽不处于同一水平位置，而是内进一些，这使得 PCI、ISA 卡不可能插进去。当然，AGP 插槽结构也与 PCI、ISA 完全不同，根本不可能插错。随着显卡速度的提高，AGP 插槽已经不能满足显卡传输数据的速度，目前 AGP 显卡已经逐渐淘汰，取代它的是 PCI Express 插槽。

（7）ATA（AT Attachment）接口

ATA 接口是用来连接硬盘和光驱等设备而设的，即主板上连接数据线的接口。

（8）电源插口及主板供电部分

电源插座主要有 AT 电源插座（与光驱和硬盘相同的电源插座）和 ATX 电源插座（不常见）两种，有的主板上同时具备这两种插座。电源插座附近一般还有主板的供电及稳压电路。

（9）BIOS 及电池

BIOS（Basic Input/Output System，基本输入/输出系统）是一块装入了启动和自检程序的 EPROM 或 EEPROM 集成块。实际上，它是被固化在计算机 ROM（只读存储器）芯片上的一组程序，为计算机提供最低级的、最直接的硬件控制和支持。

BIOS 芯片附近一般有一块电池组件，为 BIOS 提供启动时需要的电流。ROM BIOS 芯片是主板上唯一贴有标签的芯片，一般为双排直插式封装（DIP），印有"BIOS"字样，还有许多 PLCC32 封装的 BIOS。

（10）机箱前置面板接头

机箱前置面板接头是主板用来连接机箱上的电源开关、系统复位、硬盘电源指示灯等排线的地方。一般来说，ATX 结构的机箱上有一个总电源的开关接线（Power SW），是个两芯的插头。它与 Reset 接头一样，按下时短路，松开时开路，按一下，计算机的总电源就被接通了，再按一下就关闭。硬盘指示灯的两芯接头一线为红色。

（11）外部接口

ATX 主板的外部接口是统一集成在主板后半部的。现在的主板一般符合 PC99 规范，也就是用不同的颜色表示不同的接口，以免搞错。键盘和鼠标采用 PS/2 圆口（现在多采用 USB 接口），键盘接口一般为蓝色，鼠标接口一般为绿色，便于区别。USB 接口为扁平状，可接 Modem、光驱、扫描仪等 USB 接口的外设。串口可连接 Modem 和方口鼠标等，并口一般连接打印机。

2．计算机硬件的组装

（1）拆机

将一台已经组装好的计算机逐一拆开，初步了解各部件的位置，为自己动手组装打好基础。

（2）安装

① 安装电源。先将电源装在机箱的固定位置上，电源的风扇要对着机箱的后面，这样才能正确地散热。然后用螺丝将电源固定起来。等安装了主板后，再把电源线连接到主板上。

② 安装 CPU。将主板的 CPU 插槽旁边的把手轻轻向外拨，再向上拉起把手到垂直位置，然后对准插入 CPU。注意，要很小心地对准后再插入，否则容易损坏 CPU，然后将把手压回，将把手固定到原来的位置。在 CPU 上涂上散热硅胶，这是让风扇上的散热片更好地贴在一起。

③ 安装风扇。将风扇安装到主板的 CPU 上，先把风扇的挂钩挂在 CPU 插座两端的固定位置上，再将风扇的三孔电源插头插在主板的风扇电源插座上。

④ 安装主板。先把定位螺丝依照主板的螺丝孔固定在机箱，然后把主板的 I/O 端口对准机箱的后部。主板上面的定位孔要对准机箱上的螺丝孔，用螺丝把主板固定在机箱上。注意，上螺丝的时候拧到合适的程度就可以了，以防止主板变形。

⑤ 安装内存。先拨开主板内存插槽两边的把手，把内存条上的缺口对齐主板内存插槽缺口，垂直压下内存，插槽两侧的固定夹自动跳起夹紧内存并发出"咔"的一声，此时内存已被锁紧。

⑥ 安装硬盘。先把硬盘用螺丝固定在机箱上，插上电源线，并在硬盘上接上 IDE 数据线，再把数据线的另一端与主板的 IDE 接口连接。

⑦ 安装光驱。安装方法与安装硬盘的方法差不多。

⑧ 安装显卡、声卡。将显卡和声卡对准主板上的 PCI 插槽插下，用螺丝把显卡、声卡固

定在机箱上。

⑨ 连接控制线。先找到机箱面板的指示灯和按键在主板上的连接位置（依照主板上的英文来连接），然后区分开正、负极连接。将机箱面板的 HDD LED（硬盘灯）、PWR SW（开关电源）、Reset（复位）、Speaker（主板喇叭）、Keylock（键盘锁接口）和 PowerLED（主板电源灯）等连接在主板上的金属引脚。

⑩ 装好机箱。

操作练习

（1）自己动手拆、装一台计算机。

实验 2

DEBUG 调试程序的使用

实验目的

❶ 学习 DEBUG 常用命令，掌握观察、修改寄存器和内存单元的方法。
❷ 了解计算机机器指令的执行情况。

实验内容

❶ 掌握用 DEBUG 中的 **R** 命令观察、修改寄存器的方法。
❷ 掌握用 DEBUG 中的 **D** 命令观察内存单元，用 **E** 命令修改内存单元的方法。
❸ 掌握用 DEBUG 中的 **A** 命令编写指令，用 **U** 命令反汇编指令的方法。
❹ 掌握用 DEBUG 中的 **T** 命令单步执行指令的方法。

实验操作

1. 进入 DEBUG

在"开始"菜单单击"运行"，然后在弹出的对话框（如图 1-2-1 所示）中输入"cmd"，单击"确定"按钮，则弹出如图 1-2-2 所示的窗口，输入"debug"命令后回车，则出现如图 1-2-3 所示的界面。DEBUG 中的命令不区分大小写。

图 1-2-1 "运行"对话框

图 1-2-2 运行 DEBUG

图 1-2-3 进入 DEBUG

2. 用 R 命令观察、修改寄存器

R 命令有两种用法：❶ 直接输入 "r" 后回车，将显示 CPU 所有的寄存器和标志位；❷ 修改寄存器，在 "r" 后跟写寄存器名，则先显示寄存器的内容，在 ":" 后可输入新的值，再用 R 命令就可以看到修改后的内容了。在图 1-2-4 中，将 AX 的内容改为 5678H（"H"表示 5678 是一个十六进制数）。DEBUG 中的所有值都是十六进制数。

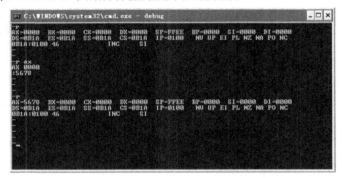

图 1-2-4　用 R 命令观察和修改寄存器

3. 用 D 命令观察内存单元

用 D 命令可以查看存储单元的地址和内容，其格式格式：
　　d 段地址:起始偏移地址 [结束偏移地址]

例如：

d ds:0	查看数据段，从 0 号单元开始
d es:0	查看附加段，从 0 号单元开始
d ds:100	查看数据段，从 100H 号单元开始
d ds:5 15	查看数据段的 5H 号单元到 15H 号单元

其执行结果如图 1-2-5 所示。

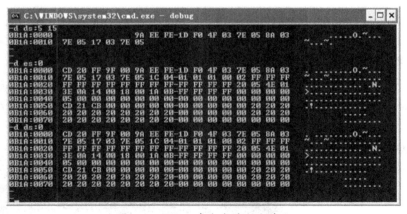

图 1-2-5　用 D 命令查看内存单元

4. 用 E 命令修改内存单元

用 E 命令可以修改多个存储单元的内容，其格式如下：
　　e 起始地址　修改值　修改值 …

例如，将数据段中的 3~5 三个单元的内容修改为 18、19、20：
　　e ds:3 18 19 20

其执行结果如图 1-2-6 所示。

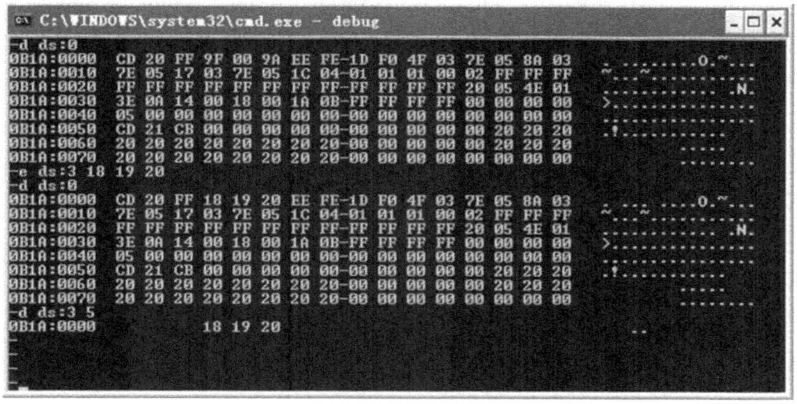

图 1-2-6　用 E 命令修改内存单元

5. 用 A 命令输入指令，用 U 命令反汇编指令

在 DEBUG 中，可以使用 A 命令输入汇编指令，系统自动将输入的汇编指令翻译成机器代码，并相继存放在从指定地址开始的存储区中。

例如，计算 Z=23H+22H 的汇编指令为：
　　mov ax, 23h
　　add ax, 22h
　　mov [0000], ax

加法的结果 Z=45H，放入存储单元 0000 中。这三条命令可在 DEBUG 下用 A 命令直接输入，然后可用 U 命令反汇编，并查看输入指令的机器码。操作过程如图 1-2-7 所示。

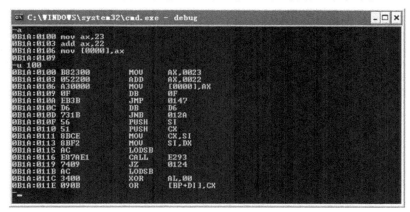

图 1-2-7　A 命令和 U 命令的使用

在图 1-2-7 中，"B82300" 是指令 "mov ax,0023" 的机器码，占 3 字节。

6. 用 T 命令单步执行指令

输入完指令后，可以执行它。T 命令可以一条一条地执行指令，如图 1-2-8 所示。

第一次执行 T 命令后，AX 寄存器的值改为 0023H，第二次执行后变为 0045H，说明已经执行完加法 ADD 指令了。第三条指令 "mov [0000],ax" 是将结果保存到数据段的 0 号单元中，用 D 命令查看，该单元的值已经是 0045H 了。

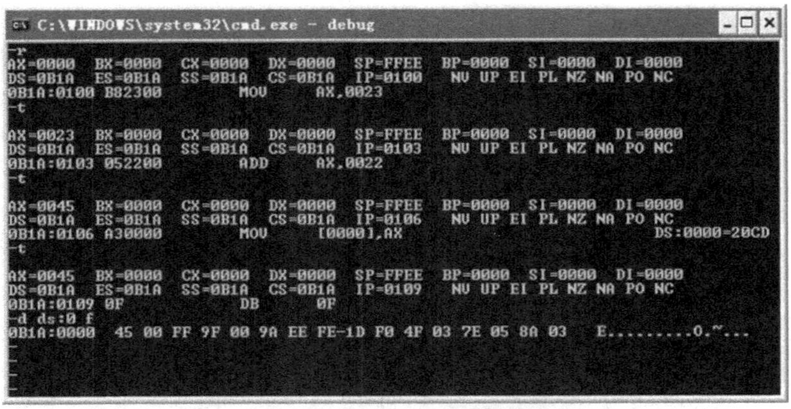

图 1-2-8 用 T 命令单步执行三条指令

操作练习

❶ 在 DEBUG 下将 AX 寄存器的值修改为 0100H。
❷ 在 DEBUG 下将数据段的 0~3 号单元填入 12、34、56、78。
❸ 编指令计算 Z=34H+67H，在 DEBUG 下运行并查看结果。

实验 3

Windows 7 的基本操作和环境设置

实验目的

❶ 熟悉 Windows 7 桌面及其设置。
❷ 熟悉 Windows 7 窗口及其基本操作。
❸ 掌握快捷方式的创建方法。
❹ 掌握用"控制面板"对系统环境进行设置。

实验内容

(1) 调整任务栏
将任务栏设置为自动隐藏,并将任务栏放置在屏幕顶部。
(2) 自定义"开始"菜单
清除"开始"菜单中最近打开的文件,并设置显示最近在"开始"菜单中打开的程序数目为 5。
(3) 创建快捷方式
❶ 在桌面上建立画图程序"mspaint.exe"(一般在 C:\WINDOWS\system32 下)的快捷方式,名称为"画图程序"。
❷ 在任务栏上添加"画图程序"图标,再将其从任务栏中移除。
(4) 窗口操作
❶ 打开 Windows 的记事本程序,将窗口最大化。
❷ 打开 Windows 的画图程序,与记事本程序窗口左右各半,并排显示两个窗口。
(5) 系统环境设置
❶ 将桌面背景设置为图片"CN-wp5.jpg",并分别以居中、平铺和拉伸三种方式显示。
❷ 将窗口边框的颜色设置为"紫罗兰色",设置菜单字体为华文楷体,字号为 15。
❸ 将屏幕保护程序设置为"三维文字",显示内容为"嘉兴学院南湖学院欢迎你!",字体为"微软雅黑"并且加粗,等待时间为 3 分钟。
❹ 将计算机的日期和时间设置为"2015 年 10 月 10 日 0:00:00"。
❺ 设置 Windows 的长时间格式为 HH:mm:ss,短日期格式为 yyyy-MM-dd。

❻ 设置 Windows 的数字格式为：小数点后面的位数设置为"3"，数字分组符号设置为"；"，其余为默认值。

（6）对输入法进行设置

❶ 删除"搜狗五笔输入法"。

❷ 设置"微软拼音输入法"的"词语联想"输入功能。

❸ 设置用 Ctrl+Shift+2 组合键切换到"微软拼音输入法"。

（7）新建一个标准用户，账号为"jxxy"，密码为"jxxy"。

实验操作

1. 调整任务栏

将任务栏设置为自动隐藏，并将任务栏放置在屏幕顶部。操作如下：

① 右击任务栏空白处，在弹出的快捷菜单中选择"属性"命令，打开"任务栏和开始菜单属性"对话框。

② 在"任务栏"选项页中勾选"自动隐藏任务栏"复选框。

③ 在"屏幕上的任务栏位置"下拉列表中选择"顶部"列表项，如图 1-3-1 所示，然后单击"确定"按钮。

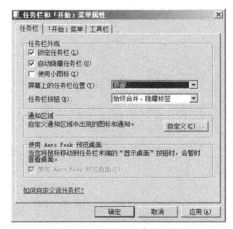

图 1-3-1　设置任务栏属性

任务栏设置为隐藏后，只有将鼠标指针移到屏幕底部任务栏所在位置，才会显示任务栏。

2. 自定义"开始"菜单

清除"开始"菜单中最近打开的文件，并设置显示最近在"开始"菜单中打开的程序数目为 5。操作如下：

① 右击"开始"菜单，在弹出的快捷菜单中选择"属性"命令，打开"任务栏和开始菜单属性"对话框。

② 在"开始菜单"选项卡中取消"存储并显示最近在开始菜单和任务栏中打开的项目"复选框，如图 1-3-2 所示。

③ 单击"自定义"按钮，打开"自定义开始菜单"对话框。

④ 将"要显示的最近打开过的程序的数目"设置为"5"，然后单击"确定"按钮。

3．创建快捷方式

（1）创建桌面快捷图标

在桌面上建立画图程序"mspaint.exe"（一般在 C:\WINDOWS\system32 下）的快捷方式，名称为"画图程序"。操作步骤如下：

① 单击"开始"菜单，在搜索框中输入"mspaint"，然后单击"搜索"按钮，得到搜索结果，如图 1-3-3 所示。

② 右击文件"mspaint.exe"，在弹出的快捷菜单中选择"发送到"→"桌面快捷方式"。

③ 右击任务栏空白处，在弹出的快捷菜单中选择"显示桌面"命令。

④ 右击桌面快捷图标"mspaint.exe"，在弹出的快捷菜单中选择"重命名"命令。

⑤ 输入"画图程序"，按 Enter 键。

图 1-3-2 设置"开始"菜单属性　　　　图 1-3-3 搜索结果

（2）在任务栏上创建快捷图标

在任务栏上添加"画图程序"图标，再将其从任务栏中移除。操作步骤如下：

① 直接将桌面快捷图标"画图程序"拖动到任务栏空白处，在任务栏上会创建一个图标按钮。

② 右击任务栏上的"画图程序"图标按钮，在弹出的快捷菜单中选择"将此程序从任务栏解锁"命令，该图标就从任务栏中移除。

4．窗口操作

（1）窗口最大化

打开 Windows 的记事本程序，将窗口最大化。操作步骤如下：

① 在"开始"菜单中选择"所有程序"→"附件"→"记事本"，打开记事本程序。

② 拖动"记事本"窗口的标题栏向屏幕顶部拖动，或者双击"记事本"窗口的标题栏，即可将窗口最大化。

（2）排列窗口

打开画图程序，与记事本程序窗口左右各半并排显示两个窗口。操作步骤如下：

① 在"开始"菜单中选择"所有程序"→"附件"→"画图"，打开画图程序。

② 右击任务栏空白处，在弹出的快捷菜单中选择"并排显示窗口"命令，两个窗口就并

排显示在桌面上，如图 1-3-4 所示。

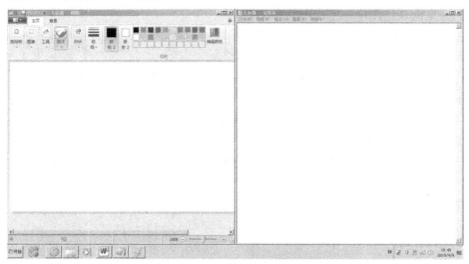

图 1-3-4　并排显示窗口

5．系统环境设置

（1）设置桌面背景

将桌面背景设置为图片"CN-wp5.jpg"，并分别以居中、平铺和拉伸三种方式显示。操作如下：

① 在"开始"菜单中选择"控制面板"→"个性化"，或者右击桌面空白处，在弹出的快捷菜单中选择"个性化"命令，打开如图 1-3-5 所示的个性化窗口。

图 1-3-5　"个性化"窗口

② 单击 Areo 主题中的"Windows 7"或者"中国"。

③ 单击窗口底部的"桌面背景"链接，打开如图 1-3-6 所示的"桌面背景"窗口。

④ 在中间的列表框中单击图片"CN-wp5.jpg"，在图片位置栏中选择"居中"、"平铺"或"拉伸"，然后单击"保存修改"按钮。最后关闭"个性化"窗口。

（2）设置窗口相关属性

将窗口边框的颜色设置为"紫罗兰色"，设置菜单字体为华文楷体、字号为 15。操作如下：

图 1-3-6 "桌面背景"窗口

① 同上操作，打开如图 1-3-5 所示的个性化窗口，选择一个主题。
② 单击窗口底部的"窗口颜色"链接，打开如图 1-3-7 所示的"窗口颜色与外观"窗口。
④ 单击"紫罗兰色"，然后单击"高级外观设置"链接，在打开的对话框的"项目"列表框中选择"菜单"，然后设置字体及大小，如图 1-3-8 所示，单击"确定"按钮。

图 1-3-7 "窗口颜色和外观"窗口

图 1-3-8 设置菜单属性

⑤ 在"窗口颜色和外观"窗口中单击"保存修改"按钮，然后关闭"个性化"窗口。
（3）设置屏幕保护程序
将屏幕保护程序设置为"三维文字"，显示内容为"嘉兴学院南湖学院欢迎你！"，字体为"微软雅黑"并且加粗，等待时间为 3 分钟。操作如下：
① 打开个性化窗口，见图 1-3-5。
② 单击"屏幕保护程序"链接，打开如图 1-3-9 所示的对话框。
③ 在"屏幕保护程序"下拉列表中选择"三维文字"列表项，在"等待"中设置 3 分钟，然后单击"设置"按钮，打开如图 1-3-10 所示的对话框。

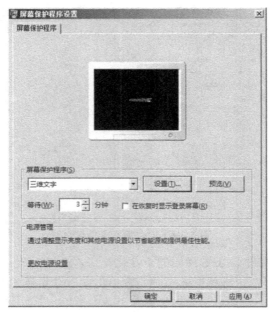

图 1-3-9 "屏幕保护程序设置"对话框

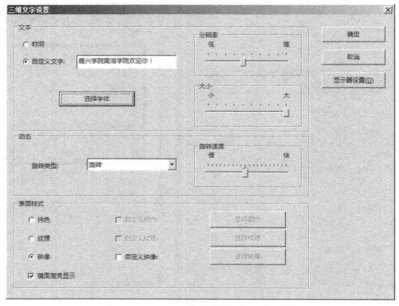

图 1-3-10 "三维文字设置"对话框

④ 在"自定义文字"文本框中输入"嘉兴学院南湖学院欢迎你!",然后单击"选择字体"按钮,打开"字体"对话框,设置字体为"微软雅黑",字形为"加粗",连续单击"确定"按钮,直到关闭个性化窗口。

(4) 设置系统日期、时间等格式

❶ 将计算机的日期和时间设置为"2015年10月10日 0:00:00"。操作如下:

① 单击任务栏通知区域中的"日期时间"→"更改日期和时间设置"链接,打开"日期和时间"对话框,如图 1-3-11 所示。

② 单击"更改日期和时间"按钮,打开"日期和时间设置"对话框,如图 1-3-12 所示。

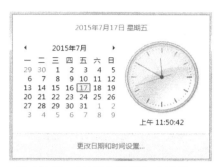

图 1-3-11 "日期和时间"对话框　　　　　图 1-3-12 "日期和时间"对话框

③ 根据要求设置日期和时间，然后连续单击"确定"按钮，直到关闭"日期和时间"对话框。

❷ 设置系统的长时间格式为 HH:mm:ss，短日期格式为 yyyy-MM-dd。操作如下：

① 打开个性化窗口，见图 1-3-5。

② 单击"控制面板主页"链接，打开"控制面板"窗口，选择"时钟、语言和区域"，出现如图 1-3-13 所示的窗口。

③ 单击"区域和语言"项，打开如图 1-3-14 所示的"区域和语言"对话框。

图 1-3-13 "时钟、区域和语言"对话框　　　图 1-3-14 "区域和语言"对话框

④ 在"短日期"和"长时间"下拉列表中按要求选择相应的列表项，单击"确定"按钮。

❸ 设置系统的数字格式为：小数点后面的位数设置为"3"，数字分组符号设置为"；"，其余为默认值。操作如下：

① 同上操作，打开"区域和语言"对话框，见图 1-3-14。

② 单击"其他设置"按钮,打开如图 1-3-15 所示的"自定义格式"对话框。
③ 按照要求设置后,单击"确定"按钮。

(5) 输入法设置

❶ 删除"搜狗五笔输入法"。操作如下:

① 同上操作,打开"区域和语言"对话框,见图 1-3-14。

② 选择"键盘和语言"选项卡,单击"更改键盘"按钮,打开如图 1-3-16 所示的"文本服务和输入语言"对话框。

③ 在"已安装的服务"列表中单击"搜狗五笔输入法",然后单击"删除"按钮。

④ 单击"确定"按钮,关闭对话框。

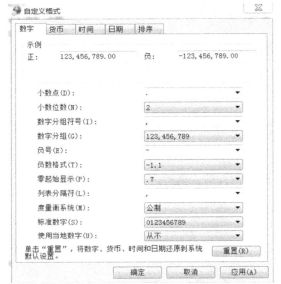

图 1-3-15 "自定义格式"对话框　　　　图 1-3-16 "文本服务和输入语言"对话框

❷ 设置"微软拼音输入法"的"词语联想"输入功能。操作如下:

① 同上操作,打开如图 1-3-16 所示的"文本服务和输入语言"对话框。

② 在"已安装的服务"列表中选择"微软拼音",单击"属性"按钮,打开一个输入选项对话框。

③ 选择"高级"选项页,勾选"词语联想"复选框,然后单击"确定"按钮。

❸ 设置用 Ctrl+Shift+2 组合键切换到"微软拼音输入法"。操作如下:

① 同上操作,打开如图 1-3-16 所示的"文本服务和输入语言"对话框。

② 选择"高级键设置"选项卡,在"输入语言的热键"列表中选择"微软拼音",然后单击"更改按键顺序"按钮,打开如图 1-3-17 所示的"更改按键顺序"对话框。

③ 按要求设置,单击"确定"按钮。

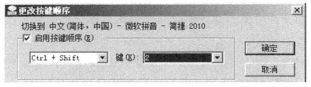

图 1-3-17 "更改按键顺序"对话框

（6）创建账户

新建一个标准用户，账户名称为"jxxy"，密码为"jxxy"。操作如下：

① 打开"控制面板"窗口，如图1-3-18所示。

图1-3-18　控制面板

② 在"用户帐户和家庭安全"下单击"添加或删除用户帐户"，出现"管理帐户"窗口，如图1-3-19所示。

图1-3-19　管理账户

③ 单击"创建一个新帐户"链接，在打开的窗口中输入名称，选中"标准用户"单选按钮，如图1-3-20所示，然后单击"创建帐户"按钮。

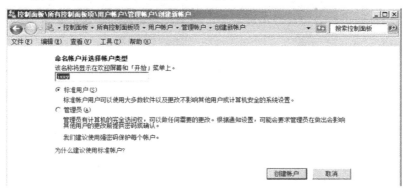

图1-3-20　创建新帐户

④ 回到"管理帐户"窗口中，单击"jxxy"，打开"更改帐户"窗口，如图 1-3-21 所示。

图 1-3-21　更改帐户

⑤ 单击"创建密码"，在打开的窗口中输入密码，然后单击"创建密码"按钮，则新用户"jxxy"的密码设置完成。

操作练习

（1）锁定任务栏，以避免任务栏被随意拖动到其他位置。

（2）在桌面上建立便签程序 StikyNot.exe 的快捷方式，其名称为"便签"，并在任务栏上添加"便签"图标。

（3）将桌面背景设置为图片"CN-wp3.jpg"。

（4）将窗口边框的颜色设置为"浅绿色"，并将活动窗口边框设置为红色。

（5）准备 3 张以上图片，保存在"我的图片库"中，将屏幕保护程序设置为"照片"，照片来源于"我的图片库"，要求快速播放，等待时间为 1 分钟。

（6）将显示器分辨率设置为 1024×763，并查看屏幕刷新频率为多少。

（7）将屏幕上的文字大小放大为正常大小的 130%。

（8）设置系统的货币格式为"$"，长日期格式为"yyyy'年'M'月'd'日'"，短时间格式为"HH:mm"。

（9）删除标准用户"jxxy"。新建一个管理员用户，账号为"nhxy"，密码为"123abc"。

（10）将系统自带的小工具"时钟"和"日历"放置到桌面。

（11）利用系统自带的截图工具截取当前桌面，保存为图片文件"table.jpg"，并保存到 D 盘中。

（12）创建一个新的网络连接，用户名和密码是 ISP 提供给你本人的信息，连接名称为"我的宽带连接"（选做）。

实验 4

Windows 7 的文件管理

实验目的

1. 掌握新建文件、文件夹和库的方法。
2. 了解剪贴板的功能及使用方法。
3. 掌握文件及文件夹的移动和复制方法。
4. 熟悉回收站的操作,掌握文件与文件夹的删除方法。
5. 掌握文件及文件夹的重命名及属性设置。
6. 掌握文件与文件夹的压缩与解压方法。

实验内容

(1) 新建文件、文件夹和库

1. 在 D 盘新建文件夹 mydir,在 mydir 文件夹中新建两个子文件夹 dir1 和 dir2。
2. 在 D:\mydir 文件夹中新建一个文本文件 mybook.txt 和一个图像文件 myphoto.bmp。文本文件 mybook.txt 的内容为"I like Windows."。
3. 创建一个新库,库名为"实验题"。

(2) 文件与文件夹的移动和复制

1. 将文件 mybook.txt 复制到文件夹 mydir 的子文件夹 dir1 中,将文件 myphoto.bmp 复制到子文件夹 dir2 中。
2. 将文件夹 mydir 中的两个文件 mybook.txt 和 myphoto.bmp 以及文件夹 dir2 移动到 D 盘根目录中。

(3) 文件与文件夹的删除

1. 删除 D 盘根目录中的文件 mybook.txt 和 myphoto.bmp。
2. 将回收站中的文件 mybook.txt 和 myphoto.bmp 还原到 D 盘根目录中。
3. 彻底删除 D 盘根目录中的文件 mybook.txt 和 myphoto.bmp。

(4) 文件与文件夹的属性设置

将文件夹 mydir 的子文件夹 dir1 中的文件 mybook.txt 设置为隐藏文件。

(5) 文件与文件夹的重命名

❶ 将文件夹 mydir 的子文件夹 dir1 中的文件 mybook.txt 更名为"mytext.dat"。

❷ 将 D 盘根目录中的文件夹 dir2 更名为 mydir2。

(6) 在库中添加或删除索引

❶ 将文件夹 mydir 添加到实验题库中。

❷ 从实验题库中删除文件夹 mydir。

(7) 文件与文件夹的压缩与解压缩

❶ 将文件夹 mydir 的子文件夹 dir1 压缩为文件 dir1.rar。

❷ 将压缩文件 dir1.rar 解压到 D 盘根目录中。

实验操作

1. 新建文件、文件夹和库

(1) 新建文件夹

在 D 盘新建文件夹 mydir，在 mydir 文件夹中新建两个子文件夹 dir1 和 dir2。操作如下：

① 双击桌面图标"计算机"，打开文件夹窗口，单击导航窗格中的 D 盘驱动器。

② 右击右窗格的空白处，在弹出的快捷菜单中选择"新建"→"文件夹"命令。

③ 输入新文件夹名"mydir"后，按 Enter 键，右窗格中显示新文件夹 mydir。

④ 打开 D 盘的 mydir 文件夹，用同样的方法建立两个子文件夹 dir1 和 dir2。

(2) 新建文件

在 D:\mydir 文件夹中新建一个文本文件 mybook.txt 和一个图像文件 myphoto.bmp。文本文件 mybook.txt 的内容为"I like Windows."。操作如下：

① 打开 D 盘的 mydir 文件夹。

② 选择"文件"→"新建"→"文本文档"命令，或者右击右窗格空白处，在弹出的快捷菜单中选择"新建"→"文本文档"命令，右窗格的文件列表底部会出现一个名为"新建文本文档.txt"的文件图标。

③ 输入新文件名"mybook.txt"，按 Enter 键。

④ 双击 mybook.txt 文件，打开记事本程序，输入"I like Windows."，选择"文件"→"保存"命令，或者按 Ctrl+S 组合键保存文件内容，关闭记事本窗口。

用同样的方法在文件夹 mydir 中新建一个图像文件 myphoto.bmp。不同的是在操作步骤②中选择"新建"→"BMP 图像"命令，然后输入文件名"myphoto.bmp"。mydir 文件夹窗口如图 1-4-1 所示。

(3) 新建库

创建一个新库，库名为"实验题"。操作如下：

① 单击任务栏中的"Windows 资源管理器"图标按钮，打开库窗口，系统默认选择导航窗格中的库。

② 单击"新建库"按钮，或者在右窗格（文件列表窗格）空白处单击右键，在弹出的快捷菜单中选择"新建"→"库"。

③ 输入新库名"实验题"后，按 Enter 键。库窗口如图 1-4-2 所示。

图 1-4-1　MYDIR 文件夹窗口　　　　　　　　　图 1-4-2　库窗口

2．文件与文件夹的移动和复制

（1）复制

将文件 mybook.txt 复制到文件夹 MYDIR 的子文件夹 dir1 中，将文件 myphoto.bmp 复制到子文件夹 dir2 中。操作如下：

① 右击"开始"菜单，在弹出的快捷菜单中选择"打开 Windows 资源管理器"命令，打开库窗口，单击导航窗格中的 D 盘驱动器，在右窗格中打开 mydir 文件夹。

② 单击文件 mybook.txt，选择"编辑"→"复制"命令，或者右击文件 mybook.txt，在弹出的快捷菜单中选择"复制"命令。

③ 打开 DIR1 文件夹。

④ 选择"编辑"→"粘贴"命令，或者右击文件列表窗格空白处，在弹出的快捷菜单中选择"复制"命令。

⑤ 单击"后退"按钮，返回到 mydir 文件夹窗口。

⑥ 右击文件 myphoto.bmp，在弹出的快捷菜单中选择"复制"命令。

⑦ 右击 dir2 文件夹，在弹出的快捷菜单中选择"粘贴"命令。

（2）移动

将文件夹 mydir 中的两个文件 mybook.txt 和 myphoto.bmp 以及文件夹 dir2 移动到 D 盘根目录中。操作如下：

① 在文件夹或库窗口中，打开 D 盘的 mydir 文件夹。

② 在文件列表窗格中，选定文件 mybook.txt 和 myphoto.bmp。

③ 选择"编辑"→"剪切"命令。

④ 单击导航窗格中的 D 盘驱动器，选择"编辑"→"粘贴"命令。

⑤ 打开 mydir 文件夹，单击 dir2 文件夹，按 Ctrl+X 组合键剪切该文件夹。

⑥ 单击导航窗格中的 D 盘驱动器，按 Ctrl+V 组合键完成粘贴。

3．文件与文件夹的删除

（1）将文件与文件夹放入回收站

删除 D 盘根目录中的文件 mybook.txt 和 myphoto.bmp。操作如下：

① 单击任务栏中的"Windows 资源管理器"图标，打开库窗口，单击导航窗口中的 D

盘驱动器。

② 在文件列表窗格中选定文件 mybook.txt 和 myphoto.bmp。

③ 按 Delete 键，显示如图 1-4-3 所示的对话框，单击"是"按钮。

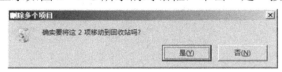

图 1-4-3　确认删除

（2）还原文件与文件夹

将回收站中的文件 mybook.txt 和 myphoto.bmp 还原到 D 盘根目录中。操作如下：

① 双击"回收站"桌面图标，打开"回收站"窗口。

② 选定文件 mybook.txt 和 myphoto.bmp。

③ 选择"文件"→"还原"命令，或单击右键，在弹出的快捷菜单中选择"还原"命令。

（3）彻底删除文件与文件夹

彻底删除 D 盘根目录中的文件 mybook.txt 和 myphoto.bmp。操作如下：

① 单击任务栏中的"Windows 资源管理器"图标按钮，打开库窗口，再单击导航窗口中的 D 盘驱动器。

② 在文件列表窗格中选定文件 mybook.txt 和 myphoto.bmp。

③ 按 Shift+Delete 组合键，显示如图 1-4-4 所示的对话框，单击"是"按钮，或者直接按 Enter 键。

图 1-4-4　确认永久删除

4．文件与文件夹的属性设置

将文件夹 mydir 的子文件夹 dir1 中的文件 mybook.txt 设置为隐藏文件。操作如下：

① 打开 dir1 文件夹。

② 右击文件 mybook.txt，在弹出的快捷菜单中选择"属性"命令，出现文件属性对话框。

③ 勾选对话框底部的"隐藏"复选框，如图 1-4-5 所示，然后单击"确定"按钮。

5．文件与文件夹的重命名

1．文件重命名

将文件夹 mydir 的子文件夹 dir1 中的文件 mybook.txt 更名为"mytext.dat"。操作如下：

① 打开 mydir 文件夹中的子文件夹 dir1。

② 若找不到 mybook.txt 的文件图标，选择"工具"→"文件夹选项"命令，打开"文件夹选项"对话框；选择"查看"选项卡，在"高级"设置列表中选中"显示隐藏的文件、文件夹和驱动器"，取消"隐藏已知文件类型的扩展名"复选框，如图 1-4-6 所示，单击"确定"按钮。

③ 右击文件 mybook.txt，从弹出的快捷菜单中选择"重命名"命令，输入新文件名"mytext.dat"，然后按 Enter 键。

图 1-4-5 文件属性设置

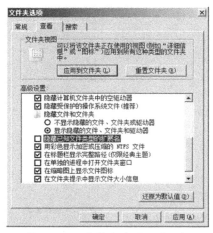
图 1-4-6 "文件夹选项"对话框

（2）文件夹重命名

将 D 盘中的文件夹 dir2 更名为 mydir2。操作如下：

① 打开 D 盘的文件夹 dir2。

② 单击 dir2 文件夹，按 F2 键。

③ 输入新文件夹名"mydir2"，按 Enter 键。

6．在库中添加或删除索引

（1）添加索引

将文件夹 mydir 添加到实验题库中。操作如下：

① 在文件夹窗口中，单击导航窗格中的"实验题"。

② 单击右窗格中的"包括一个文件夹"按钮，打开如图 1-4-7 所示的浏览窗口。

③ 单击 D 盘驱动器，然后单击文件列表窗格中的 mydir 文件夹。

④ 单击"包括文件夹"按钮，实验题库窗口如图 1-4-8 所示。

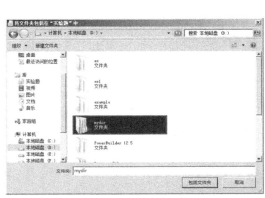
图 1-4-7 文件及文件夹浏览

图 1-4-8 "实验题"库窗口

（2）删除索引

从"实验题"库中删除文件夹 mydir。操作如下：

① 在如图 1-4-8 所示的窗口中，单击库窗格中的"一个位置"链接，打开如图 1-4-9 所示的对话框。

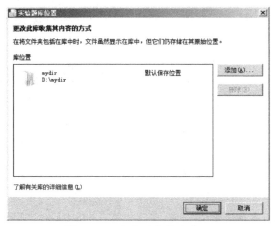

图 1-4-9　库中的文件夹窗口

② 单击库位置列表框中的 mydir 文件夹。
③ 单击右侧的"删除"按钮，然后单击"确定"按钮。

从"实验题"库中删除文件夹 mydir 还有一种便捷的方法，操作如下：在如图 1-4-8 所示的窗口中，右击导航窗格中的 mydir 文件夹，在弹出的快捷菜单中选择"从库中删除位置"命令，mydir 文件夹立即从实验题库中移除。

注意，将文件夹从库中删除位置，并不是将该文件夹删除了，它们仍然保存在原始位置。

7．文件与文件夹的压缩与解压缩

要压缩文件或文件夹，或对文件或文件夹进行解压的前提是安装好压缩工具软件，WinRAR 是 Windows 环境中常用的一款压缩工具软件。以下操作以 WinRAR 为例。

（1）压缩文件或文件夹

将文件夹 mydir 的子文件夹 dir1 压缩为文件 dir1.rar。操作如下：

① 打开文件夹 mydir。
② 右击文件夹 dir1，在弹出的快捷菜单中选择"添加到 dir1.rar"命令，在 mydir 文件夹中就会生成一个压缩文件 dir1.rar

在步骤②中也可以在快捷菜单中选择"添加到压缩文件"命令，显示如图 1-4-10 所示的对话框，从中可以指定压缩文件存储的位置并修改压缩文件名，单击"确定"按钮。

（2）文件或文件夹的解压

将压缩文件 dir1.rar 解压到 D 盘根目录中。操作如下：打开文件夹 mydir，右击文件 dir1.rar，在弹出的快捷菜单中选择"解压文件"命令，指定解压目标位置为 D 盘根目录，如图 1-4-11 所示，然后单击"确定"按钮。

操作练习

（1）在 D 盘建立文件夹 mydir1 和 mydir2。

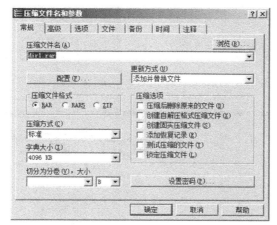

图 1-4-10 "压缩文件名和参数"对话框

图 1-4-11 "解压路径和选项"对话框

（2）在计算机本地磁盘中查找"Notepad.exe"和"mspaint.exe"文件，并将它们复制到 mydir1 文件夹中。

（3）将 mydir1 文件夹中的"mspaint.exe"和"Notepad.exe"文件的名字分别改为"画图.exe"和"写字板.exe"。

（4）在"D:\mydir1"文件夹下创建文件夹 FIG，并将其设置为只读属性。

（5）在 FIG 文件夹中新建文件"YES.txt"，并将其设置为隐藏属性。

（6）将 FIG 文件夹中的文件"YES.txt"更名为"NO.txt"。

（7）将 mydir1 文件夹中的文件"画图.exe"移动到 mydir2 文件夹中。

（8）创建一个新库，库名为"练习题"。

（9）将 mydir1 和 mydir2 文件夹添加到"练习题"库中。

（10）将 mydir2 文件夹从"练习题"库中删除。

（11）将 mydir2 文件夹压缩为文件 mydir2.rar。

（12）将 mydir2.rar 文件解压到 mydir1 文件夹中。

实验 5

Word 2010 基本操作

实验目的

❶ 掌握 Word 2010 启动和退出的方法。
❷ 掌握文档的新建、保存和打开的方法。
❸ 熟练掌握文档的常用编辑方法。
❹ 熟练掌握文档的查找和替换操作。
❺ 熟练掌握文字、段落的格式化操作。
❻ 熟练掌握页眉、页脚、页边距等页面设置的方法。

实验内容

(1) Word 2010 文档的创建、保存

❶ 创建文件夹 D:\MYDIR，新建 Word 2010 文档，在文档中输入以下文字，以文件名 WD51.docx 保存在 D:\MYDIR 文件夹下。

  云计算[1]（cloud computing）是基于互联网相关服务的增加、使用和交付模式[2]，通常涉及通过互联网来提供动态易扩展且经常是虚拟化[3]的资源。云是网络、互联网的一种比喻说法。过去在图中往往用云来表示电信网，后来也用来表示互联网和底层基础设施的抽象。因此，云计算甚至可以让你体验每秒 10 万亿次的运算能力，拥有这样强大的计算能力可以模拟核爆炸[4]、预测气候变化和市场发展趋势。用户通过计算机[5]、笔记本[6]、手机等方式接入数据中心[7]，按自己的需求进行运算。

❷ 将文档 WD51.docx 另存为 WD52.docx，保存在 D:\MYDIR 文件夹下。
以下均在文档 WD52.docx 中完成。
(2) 编辑文档
❶ 插入文字、分段：
 ⊙ 打开文档 WD52.docx，添加文章标题"云计算"。
 ⊙ 将"云是网络、互联网的一种比喻…"、"因此，云计算甚至"各另起一段，将正文分成 3 个段落保存。
❷ 查找、替换：

- 利用"查找/替换"功能，将正文中的"云计算"改为"云计算技术"，字体为"黑体"、加"红色下划线"。
- 利用"查找/替换"的高级操作"特殊格式"，将正文中的数字引用"[1]，[2]…，[7]"改为上标形式。

（3）字符段落格式化

❶ 将标题格式设置为黑体、三号字、粗体、居中。

❷ 正文第一个段落文字格式设置成楷体、小四号；英文字符设置为 Times New Roman。

❸ 正文最后段落的文字设置"缩放"120%、"间距"加宽1.2磅、"位置"降低5磅，"文字效果"设置为"渐变填充"中的"熊熊火焰"。

❹ 全文段落设置成"左对齐"；段落间距"段前"为0.5行、"段后"为1行；首行缩进2字符、行间距1.5倍。

（4）边框和底纹

❶ 给标题文字加边框，线宽为2.25磅、红色。

❷ 将第2个段落的"底纹"设为"白色、背景1、深色5%"，图案"样式"设为"深色下斜线"、颜色为绿色。

❸ 设置整个文档页面边框为"艺术型"，宽度10磅。

（5）插入项目符号、编号

在文档最后输入左下框内容，设置自动编号和项目符号，结果如右下框所示。

影响 软件开发 对软件测试 应用 云安全 云存储 云计算 服务形式 基础设施即服务 平台即服务	1. 影响 • 软件开发 • 对软件测试 2. 应用 • 云安全 • 云存储 • 云计算 3. 服务形式 • 基础设施即服务 • 平台即服务

（6）页面设置

❶ 插入页眉"云计算革命"，在页脚右端插入页码"1，2，3，…"。

❷ 将第二段文字分为两栏，中间有分割线。

❸ 设置页边距上、下、左、右均为2.1厘米；页眉、页脚边距分别设置为1.25、1.21厘米。

❹ 设置纸型"16开"，宽度为"18.4厘米"，高度为"26厘米"。

实验操作

1. 新建 Word 2010 文档

（1）新建、保存文档

创建文件夹 D:\MYDIR，新建 Word 2010 文档，在文档中输入指定的文字，以文件名

WD51.docx 保存在 D:\MYDIR 文件夹下。操作如下：

① 在 D 盘根目录下创建文件夹 D:\MYDIR。

② 启动 Word 2010，新建一个空白文档输入文本内容。注意，标点符号必须在中文标点状态下输入。

③ 单击快速工具栏中的"保存"按钮，或选择"开始"选项卡的"保存"命令，打开"另存为"对话框。

④ 指定保存文件的位置 D:\MYDIR，输入文件名"WD51.docx"，在"保存类型"下拉列表中选择"Word 文档（*.docx）"项，单击"保存"按钮。

⑤ 单击窗口右上角的"关闭"按钮，退出 Word 2010。

（2）打开文档、另存为新文件

将文档 WD51.docx 另存为"WD52.docx"，保存在 D:\MYDIR 下。操作如下：

① 双击 D:\MYDIR 文件夹下的 WD51.docx，打开 Word 文档。

② 选择"文件"选项卡的"另存为"命令，弹出"另存为"对话框，从中选择存放文件的文件夹 D:\MYDIR，输入文件名"WD52.docx"，"类型"选择"Word 文档（*.docx）"，单击"保存"按钮。

2. 编辑文档

（1）插入文字、分段

在文档 WD52.docx 中添加文章标题"云计算"，将"云是网络、互联网的一种比喻…"、"因此，云计算甚至…"各另起一段，将文档正文分成 3 个段落保存。操作如下：

① 打开文档 WD52.docx，将光标定位在文档的最前面，按 Enter 键，插入一行。

② 将光标定位在首行上输入标题"云计算"。

③ 将光标定位在"云是网络、互联网的一种比喻…"的第一个字"云"前，按 Enter 键，完成分段。另一个分段方法类似。

④ 单击快捷工具栏"保存"按钮。

（2）查找、替换

❶ 文字替换。在 WD52.docx 中，利用"查找/替换"功能，将正文中的"云计算"改为"云计算技术"，字体为"黑体"、加"红色下划线"。操作如下：

① 打开文档 WD52.docx，将光标定位在正文的开始。

② 在"开始"选项卡的"编辑"组中单击"替换"按钮，弹出"查找和替换"对话框，如图 1-5-1 所示。

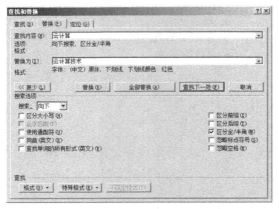

图 1-5-1 "查找和替换"对话框

③ 在"查找内容"文本框中输入"云计算"，在"替换为"文本框中输入"云计算技术"，单击"更多"按钮，展开高级替换。

④ 将光标定位在"替换为"栏，在"格式"下拉列表中选择"字体"，弹出"字体"对话框，设置字体为"黑体"，"红色下划线"，单击"确定"按钮，返回到"查找与替换"对话框。

⑤ 设置"搜索"范围为"向下"，单击"全部替换"按钮。

❷ 特殊字符替换。在 WD52.docx 中，利用"查找/替换"高级操作的"特殊格式"功能，将正文中的数字引用"[1]，[2]…，[7]"改为上标形式。操作如下：

① 同上操作，打开"查找和替换"对话框，见图 1-5-1。

② 单击"更多"按钮，展开高级替换。

③ 在"查找内容"文本框中输入"[",在"特殊格式"下拉列表中选择"任意数字"，再继续输入"]"，如图 1-5-2 所示。

④ 定位到"替换为"栏，在"格式"下拉列表中选择"字体"，弹出"字体"对话框（如图 1-5-3 所示），勾选"上标"复选框，单击"确定"按钮，返回到"查找和替换"对话框。

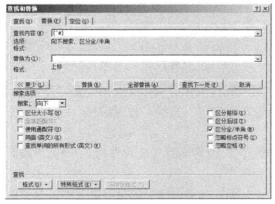

图 1-5-2 替换"特殊字符"

图 1-5-3 字体设置

⑤ 设置"搜索"范围为"向下"，单击"全部替换"按钮。

⑥ 单击快捷工具栏的"保存"按钮。

3. 文档格式

（1）字符格式化

利用常用工具栏、"字体"对话框可以实现字符、段落格式化。

❶ 将文档 WD52.docx 中标题格式设置为黑体、三号、粗体、居中。操作如下：

① 打开文档 WD52.docx，选中标题。

② 在"开始"选项卡的"字体"组中单击相应的按钮，将字体、字号等设置为黑体、三号并加粗。

③ 在"开始"选项卡的"段落"组中单击"居中"按钮，使标题居中显示。

❷ 将文档 WD52.docx 中正文第一个段落文字格式设置成楷体、小四号，英文字符设置为 Times New Roman。操作如下：

① 打开文档 WD52.docx，选中第一个段落。

② 在"开始"选项卡的"字体"组中单击对话框按钮，弹出"字体"对话框。

③ 对字体、字号英文字符等进行设置（见图 1-5-3），单击"确定"按钮。

❸ 将文档 WD52.docx 中正文最后段落的文字设置"缩放"为 120%、"间距"加宽 1.2 磅、"位置"降低 5 磅，"文字效果"设置为"渐变填充"中的"熊熊火焰"。操作如下：

① 打开文档 WD52.docx，选中正文最后段落。

② 在"开始"选项卡的"字体"组中单击对话框按钮，弹出"字体"对话框。

③ 在"高级"选项卡中设置字符间距、缩放等效果，如图 1-5-4 所示。

④ 单击"文字效果"按钮,弹出"设置文本效果格式"对话框,如图 1-5-5 所示。

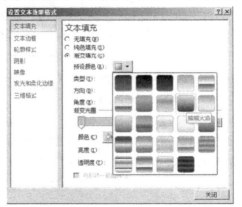

图 1-5-4 "高级"选项卡   图 1-5-5   文字效果设置

⑤ 在"文本填充"栏中选中"渐变填充",在"预设颜色"下拉列表中选择"熊熊火焰"。单击"关闭"按钮,返回到"字体"对话框,单击"确定"按钮,设置结束。

(2) 段落格式化

将文档 WD52.docx 全文段落设置成"左对齐",段落间距"段前"为 0.5 行、"段后"为 1 行,首行缩进 2 字符、行间距 1.5 倍。操作如下:

① 打开文档 WD52.docx,选中全文,在"开始"选项卡的"段落"组中单击对话框按钮 ,弹出"段落"对话框。

② 分别对"常规"、"缩进"、"间距"各项进行设置,同时观察"预览"中段落格式的效果,如图 1-5-6 所示,单击"确定"按钮。

③ 单击快捷工具栏的"保存"按钮。

4.边框和底纹

(1) 边框和底纹

❶ 将 WD52.docx 中的标题文字加边框,线宽为 2.25 磅、红色。操作如下:

① 打开文档 WD52.docx,选中标题,在"页面布局"选项卡的"页面背景"组中单击"页面边框"按钮,弹出"边框和底纹"对话框,如图 1-5-7 所示。

② 在"边框"选项卡中设置线宽、颜色、线型,选择"方框"项,在"应用于"下拉列表中选择"文字",然后单击"确定"按钮。

❷ 将 WD52.docx 的第 2 个段落的"底纹"设为"白色、背景 1、深色 5%",图案"样式"设为"深色下斜线"、颜色为绿色。操作如下:

① 选中第 2 个段落,在"页面布局"选项卡的"页面背景"组中单击"页面边框"按钮,弹出"边框和底纹"对话框。

② 选择"底纹"选项卡,设置"填充"为"白色、背景 1、深色 5%",如图 1-5-8(a)所示。

③ 设置图案"样式"、"深色下斜线"、颜色为绿色,在"应用于"下拉列表中选择"段落",如图 1-5-8(b)所示。

④ 单击"确定"按钮。

(2) 设置页面边框

将 WD52.docx 整个文档页面边框设置成"艺术型",宽度 10 磅。操作如下:

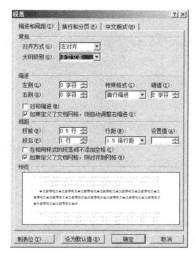
图 1-5-6 段落格式设置

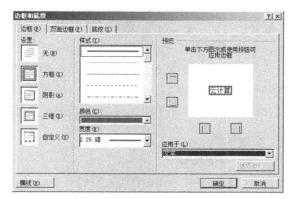
图 1-5-7 文字边框设置

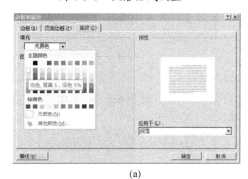
(a)

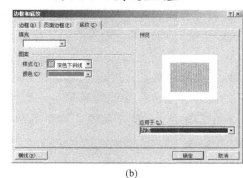
(b)

图 1-5-8 设置段落底纹

① 打开文档 WD52.docx，选中标题，在"页面布局"选项卡的"页面背景"组中单击"页面边框"按钮，弹出"边框和底纹"对话框。

② 选择"页面边框"选项卡，在"艺术型"下拉列表中选择一种图形边框，设置宽度 10 磅，在"应用于"下拉列表中选择"整篇文档"，如图 1-5-9 所示，单击"确定"按钮。

③ 单击快捷工具栏的"保存"按钮。

5．项目符号和编号

在文档 WD52.docx 最后，按图 1-5-10 输入文字。

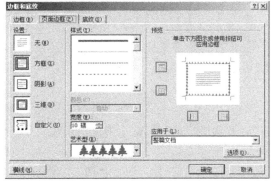

图 1-5-9 设置页面边框

图 1-5-10 添加文字

（1）设置编号

给三行粗体字"影响"、"应用"、"服务形式"设置自动编号。操作如下：按住 Ctrl 键，用鼠标选中粗体字"影响"、"应用"、"服务形式"三行文字，在"开始"选项卡的"段落"组中单击"编号"→"1.2.3…"，然后单击快捷工具栏的"保存"按钮。

（2）设置项目符号

给其他常规显示的"段落行"设置项目符号，如"软件开发"、"对软件测试"、"云安全"、……、"平台即服务"。操作如下：按住 Ctrl 键，用鼠标选中要设置的各段落行，在"开始"选项卡的"段落"组中单击"项目符号"→"●"，然后单击快捷工具栏的"保存"按钮。

6. 页面设置

（1）插入页眉页脚

❶ 在文档 WD52.docx 中插入页眉"云计算革命"。操作如下：

① 打开文档 WD52.docx。

② 将光标定位在文档的最前面，在"插入"选项卡的"页眉和页脚"组中单击"页眉"→"编辑页眉"项，然后输入"云计算革命"。

③ 单击"关闭页眉和页脚"按钮。

❷ 在页脚右端插入页码"1，2，3，…"。操作如下：

① 将光标定位在文档的最前面，在"插入"选项卡的"页眉和页脚"组中单击"页码"→"页面底端"→"普通数字 3"，即在页面右下角插入页码。

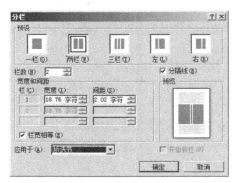

图 1-5-11　设置分栏

② 单击"关闭页眉和页脚"按钮。

（2）分栏

将第二段文字分两栏，中间有分割线。操作如下：

① 选定文档中第二段，在"页面布局"选项卡的"页面设置"组中单击"分栏"→"更多分栏…"，弹出"分栏"对话框，如图 1-5-11 所示。

② 设置"栏数"为"2"，选中"分割线"复选框，设置栏间距，然后单击"确定"按钮。

（3）页边距

设置页边距上、下、左、右均为 2.1 厘米，页眉、页脚边距分别设置为 1.25、1.21 厘米。操作如下：

① 在"页面布局"选项卡的"页面设置"组中单击"页边距"→"自定义边距…"，弹出"页面设置"对话框，如图 1-5-12 所示。

② 在"页边距"选项卡中设置上、下、左、右均为 2.1 厘米。

③ 在"版式"选项卡中设置页眉、页脚边距分别为 1.25、1.21 厘米。

④ 单击"确定"按钮。

（4）设置纸张大小

设置纸型"16 开"，宽度为"18.4 厘米"，高度为"26 厘米"。操作如下：

① 在"页面设置"对话框中选择"纸张"选项卡，从中设置"纸张大小"为"16 开"，宽度为"18.4 厘米"，高度为"26 厘米"，如图 1-5-13 所示，单击"确定"按钮。

② 单击快捷工具栏的"保存"按钮。

图 1-5-12　设置页边距

图 1-5-13　设置纸张大小

操作练习

（1）新建一个 Word 2010 文档，按要求完成以下操作。

❶ 输入如下文档内容。

未来计算机

　　基于集成电路的计算机短期内还不会退出历史舞台。但一些新的计算机正在跃跃欲试地加紧研究，这些计算机是：超导计算机、纳米计算机、光计算机、DNA 计算机和量子计算机等。目前推出的一种新的超级计算机采用世界上速度最快的微处理器之一，并通过一种创新的水冷系统进行冷却。IBM 公司 2001 年 08 月 27 日宣布，他们的科学家已经制造出世界上最小的计算机逻辑电路，也就是一个由单分子碳组成的双晶体管元件。这一成果将使未来的电脑芯片变得更小、传输速度更快、耗电量更少。

❷ 将标题文字格式设置为"二号"、"华文新魏"、"加粗"、"居中"。正文文字设置为"华文楷体"、"小四"号。

❸ 将文档以文件名为 WD1.docx 保存在 D:\MYDIR 文件夹下。

❹ 将 WD1.docx 另存为 WD2.docx，保存在 D:\MYDIR 文件夹下。

（2）打开 D:\MYDIR 文件夹下文档 WD2.docx，按要求完成以下操作。

❶ 将正文各段落的格式设置为左缩进 1 字符，右缩进 1.5 字符，设置为"首行缩进 2 厘米"、"1.6 倍行距"。

（2）将正文分成 3 段。将第 1 句话"基于集成电路的计算机短期…"另起一段，"IBM 公司 2001 年 08 月 27 日宣布，…"另起一段，将段落格式设置为"段前"12 磅，"段后"6 磅。

（3）给正文中所有"计算机"添加"红色双下划线"。

（4）将标题文字加绿色边框线，线宽 0.75 磅、浅绿色底纹。

（5）将正文第二段落加蓝色边框双线，线宽 0.5 磅、底纹为"橙色，强调文字颜色 6，淡色 80%"，图案样式为"深色竖线"，颜色为黄色。

（6）将正文第二段落分成等宽的两栏，栏间距为 2 字符，加"栏分隔线"。

（7）设置页眉"计算机的未来"；设置页脚"第 x 页共 y 页"，页脚居中。

（8）设置左边距 2.1 厘米，右边距 2 厘米，无装订线，纸张方向为"横向"显示。

（9）统计文档字数。

（10）保存 WD2.docx。

实验 6

Word 2010 文档的表格与图文混排

实验目的

❶ 熟练掌握 Word 表格的建立、编辑和内容输入的方法。
❷ 熟练掌握 Word 表格格式化的方法。
❸ 熟练运用公式对 Word 表格进行计算。
❹ 熟练掌握图文混排操作。
❺ 掌握公式编辑的基本方法。

实验内容

（1）新建文档 WD61.docx，完成以下操作。

❶ 创建某班级部分学生成绩表，如表 1-6-1 所示。

表 1-6-1　学生成绩表

姓名	学号	数学	语文	英语
张小明	2014001	87	72	95
赵小兵	2014002	65	77	92
高新国	2014003	78	81	88
胡洪	2014004	91	88	82
刘明	2014005	91	65	71
李小红	2014006	85	93	90

❷ 在"张小明"后插入一行，增加一个学生信息，依次输入"金涛"、"2014007"、"88"、"78"、"92"；在"英语"列后增加两列"总分"、"平均分"。
❸ 利用公式计算每个学生的总分和平均分，平均分保留 2 位小数。
❹ 将表格进行格式化。
  ⊙ 设置外框 1.5 磅粗线，内框 0.75 磅细线；第一行标题加"茶色、背景 2"底纹。
  ⊙ 表格中第一行"行高"为"最小值"25 磅，文字为粗体、黑体、五号字，且水平、垂直居中；表格其余行的"行高"为"最小值"26 磅，文字垂直底端对齐，"姓名"列左对齐，"各科成绩"、"平均分"、"总分"水平居中对齐。
  ⊙ 在表格最后增加一行，合并单元格，增加"汇总项"，利用公式计算所有学生的数学、语文、英语平均分。

❻ 将表格中学生的各科成绩、总分、平均分由表格转换成文本,保存在文档的最后。

❼ 生成图表。在表格下方,根据表中前4位学生的各科成绩生成直方图。

(2) 图文混排

❶ 新建文档 WD62.docx,输入以下内容。

古典音乐

　　古典音乐有广义、狭义之分。广义是指西洋古典音乐,那些从西方中世纪开始至今的、在欧洲主流文化背景下创作的音乐,狭义指古典主义音乐,是 1750－1820 年这一段时间的欧洲主流音乐,又称维也纳古典乐派。此乐派三位最著名的作曲家是海顿、莫扎特和贝多芬。

　　古典音乐作为音乐中类别的称呼,是相对于轻音乐、通俗音乐等类别而存在,采用"古典"的概念来指某些经过时间检验,被人们奉为楷模的轻音乐作品,如古典轻歌剧、古典爵士乐等。

　　当人们听到贝多芬、莫扎特、舒伯特等古典音乐家的音乐作品时,它带给人们的不仅仅是优美的旋律,充满意趣的乐思,还有真挚的情感,或宁静、典雅,或震撼、鼓舞,或欢喜、快乐,或悲伤、惆怅……

❷ 将标题设置成艺术字。

❸ 在磁盘或剪贴库中选出两张图片,插入到文档中。

❹ 为两张图加题注,标签为"图",编号"1,2,3…"。要求:

◉ "图1"格式设置为"嵌入型",题注的说明为"嵌入式图文混排"。

◉ "图2"格式设置为"四周型",图片只显示在文字右侧,插入文本框添加题注,题注的说明为"文字环绕式图文混排",设置的结果如下所示。

　　古典音乐有广义、狭义之分。广义是指西洋古典音乐,那些从西方中世纪开始至今的、在欧洲主流文化背景下创作的音乐,狭义指古典主义音乐,是 1750－1820 年这一段时间的欧洲主流音乐,又称维也纳古典乐派。此乐派三位最著名的作曲家是海顿、莫扎特和贝多芬。

图 1　嵌入式混排

　　古典音乐作为音乐中类别的称呼,是相对于轻音乐、通俗音乐等类别而存在,采用"古典"的概念来指某些经过时间检验,被人们奉为楷模的轻音乐作品,如古典轻歌剧、古典爵士乐等。

　　当人们听到贝多芬、莫扎特、舒伯特等古典音乐家的音乐作品时,它带给人们的不仅仅是优美的旋律,充满意趣的乐思,还有真挚的情感,或宁静、典雅,或震撼、鼓舞,或欢喜、快乐,或悲伤、惆怅……

图 2　环绕式混排

（5）在文档的尾部插入下面的公式。

$$y = \sqrt{\frac{(a^3)}{\sqrt[3]{(a-b^3)}}} \times \sqrt{\sum_{i=1}^{n}(x_i - y_i)^3}$$

实验操作

1. 表格的建立、编辑、格式化

（1）表格的建立、插入操作

❶ 新建文档 WD61.docx，建立"学生成绩表"，见表 1-6-1。操作如下：

① 新建文档，保存为 WD61.docx。

② 输入标题"表 1-6-1　学生成绩表"。

③ 在"插入"选项卡的"表格"组中单击"表格"→"插入表格"，弹出"插入表格"对话框。

④ 将"列数"设置为 5，"行数"设置为 7，单击"确定"按钮。

⑤ 输入表格内容，保存。

❷ 插入行和列。在"张小明"后插入一行，增加一个学生信息，依次输入"金涛"、"2014007"、"88"、"78"、"92"；在"英语"列后增加两列"总分"、"平均分"。操作如下：

① 将光标定位在表格的第二行任意位置并单击右键，在弹出的快捷菜单中选择"插入"→"在下方插入行"，在空行中输入"金涛"、"2014007"、"88"、"78"、"92"。

② 将光标定位在表格的最右列任意位置单击右键，在弹出的快捷菜单中选择"插入"→"在右侧插入列"，输入标题"总分"、"平均分"。

❸ 利用公式计算每个学生的总分和平均分。平均分保留 2 位小数。操作如下：

① 将光标定位在第 2 行第 6 列，求"张小明"的"总分"。

② 在"表格工具/布局"选项卡的"数据"组中单击"公式"按钮，弹出"公式"对话框。

③ 从"粘贴函数"下拉列表中选择求和函数"SUM()"，函数参数为求和的范围，设置为"C2:E2"，如图 1-6-1 所示，单击"确定"按钮。

④ 将光标分别定位其他同学的"总分"列，按同样的方法求出"总分"。注意，函数的参数要变为"C3:E3"、"C4:E4"、…、"C8:E8"。

⑤ 从"粘贴函数"下拉列表中选择求平均值函数"AVERAGE()"，函数参数设置为"C2:E2"，"编号格式"设置为"0.00"，保留 2 位有效数字，如图 1-6-2 所示，单击"确定"按钮。

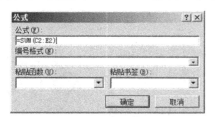
图 1-6-1　选择公式

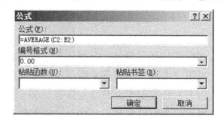
图 1-6-2　设置公式

⑥ 将光标分别定位其他同学的"平均分"列，按同样的方法求出"平均分"。注意，函数的参数要变为"C3:E3"、"C4:E4"、…、"C8:E8"。

（2）表格格式化

❶ 设置外框 1.5 磅粗线，内框 0.75 磅细线；第一行标题加"茶色、背景 2"底纹。操作如下：

① 将光标定位在表格的任一单元格上单击右键，在弹出的快捷菜单中选择"表格属性"，弹出"表格属性"对话框，如图 1-6-3 所示。

② 单击"边框和底纹"按钮，弹出"边框和底纹"对话框。

③ "宽度"设置为 1.5 磅，单击"设置"下的"全部"，表格内外框线均为 1.5 磅。

④ 在"预览"框中单击内框横线、竖线，取消内框线，将线"宽度"设置为 0.75 磅，重新单击"预览"框的内框横线、竖线，此时表格内框线已经改为 0.75 磅细线，外框线依然为 1.5 磅粗线，如图 1-6-4 所示，单击"确定"按钮。

⑤ 选中表格第一行，在"边框与底纹"对话框中选择"底纹"选项卡，将"填充"设置为"茶色、背景 2"，单击"确定"按钮。

图 1-6-3　"表格属性"对话框

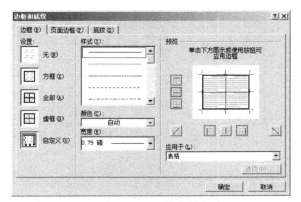

图 1-6-4　设置表格框线

❷ 表格中第一行"行高"设置为 25 磅最小值，该行文字为粗体、黑体、五号字，且水平、垂直居中；其余行的"行高"设置为 26 磅最小值，文字垂直"底端对齐"；"姓名"列左对齐，"学号"、"各科成绩"、"平均分"、"总分"水平居中对齐。操作步骤如下：

① 选定表格第 1 行并单击右键，在弹出的快捷菜单中选择"表格属性"，弹出"表格属性"对话框，见图 1-6-3。

② 选择"行"选项卡，勾选"指定高度"复选框，输入"25 磅"，单击"确定"按钮。

③ 选定表格第 1 行文字，利用"开始"选项卡的"字体"组中的工具将文字格式设置为粗体、黑体、五号字。

④ 选定表格第 1 行并单击右键，在弹出的快捷菜单中选择"单元格对齐方式"→"水平居中"，将该行文字设置为水平、垂直居中。

⑤ 选定表格的第 2～8 行，选择"行"选项卡，勾选"指定高度"复选框，输入"26 磅"，单击"确定"按钮。

⑥ 选定"姓名"列（除第 1 行标题外），单击右键，在弹出的快捷菜单中选择"单元格对齐方式"→"靠下两端对齐"，将该列文字设置为水平"左对齐"、垂直"底端对齐"格式。

⑦ 选定第 2～6 列（除第 1 行标题外），单击右键，在弹出的快捷菜单中选择"单元格对齐方式"→"靠下居中对齐"，将选定的数值呈水平居中、底端对齐显示形式。

（3）表格编辑和应用

❶ 在表格最后增加一行，合并单元格，增加"汇总项"，利用公式计算所有学生的数学、语文、英语平均分。操作如下：

① 光标定位在最后一行的任意单元格，单击右键，在弹出的快捷菜单中选择"插入"→"在下方插入行"，生成新行。

② 选定新行的前两个单元格，在"表格工具/布局"选项卡的"合并"组中单击"合并单元格"按钮，然后输入文字"汇总项"。

③ 将光标定位在"数学"列最后 1 行单元格中，调用函数 AVERAGE(C2:C8)求数学总平均成绩，其他项平均值求法类似。

④ 表格的最终结果如表 1-6-2 所示。

表 1-6-2 学生成绩表

姓名	学号	数学	语文	英语	总分	平均分
张小明	2014001	87	72	95	254	84.67
金涛	2014007	88	78	92	258	86.00
赵小兵	2014002	65	77	92	234	78.00
高新国	2014003	78	81	88	247	82.33
胡洪	2014004	91	88	82	261	87.00
刘明	2014005	91	65	71	227	75.67
李小红	2014006	85	93	90	268	89.33
汇总项		83.57	79.14	87.14	249.86	83.29

❷ 将表格中学生的各科成绩、总分、平均分由表格转换成文本，保存在文档的最后。操作如下：

① 将光标定位到文档的最后，复制表格 1～8 行。

② 选定该子表，在"表格工具/布局"选项卡的"数据"组中单击"转换为文本"按钮，弹出如图 1-6-5 所示的对话框，，单击"确定"按钮，将表格转成文本。

❸ 在表格下方，根据表中前 4 位学生的各科成绩生成直方图。操作如下：

① 将光标定位在表格的下一行，在"插入"选项卡的"插图"组中单击"图表"按钮，弹出如图 1-6-6 所示的对话框。

图 1-6-5 表格转换成文本

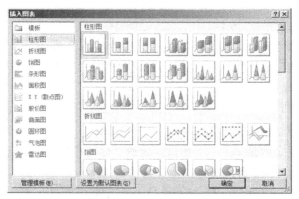

图 1-6-6 "插入图表"对话框

② 选择"柱形图"的第一个样式，单击"确定"按钮，弹出如图 1-6-7 所示的窗口。

③ 将表 1-6-1 中前 4 个学生的姓名、各科成绩复制到表中，替换表中原有数据，结果如

图 1-6-8 所示。

图 1-6-7　Excel 数据表

图 1-6-8　复制数据

④ 单击文档空白处,可看到在表格下已插入图表,显示 4 个学生成绩,如图 1-6-9 所示。

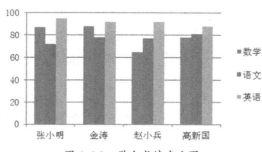
图 1-6-9　学生成绩直方图

2．图文混排

（1）新建 Word 文档

操作如下：按题目要求输入文字内容,将文档另存为 WD62.docx。

（2）将标题改为艺术字

① 选中文档标题"古典音乐",在"插入"选项卡的"文本"组中单击"艺术字"按钮,在下拉列表中选择一种样式,在文档中插入"文本框"。

② 选定该文本框,在"绘图工具/格式"选项卡的"排列"组中单击"位置"→"其他布局选项",弹出"布局"对话框,如图 1-6-10 所示。

③ 选择"文字环绕"选项卡,设置"环绕方式"为"嵌入型",如图 1-6-11 所示,单击"确定"按钮。

图 1-6-10　"位置"下拉表

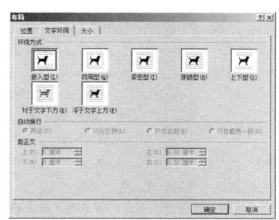
图 1-6-11　"布局"对话框

④ 选定该文本框,在"绘图工具/格式"选项卡的"艺术字样式"组中单击"文本效果"→"转换",然后选择"正V型"显示样式。

(3) 在磁盘或剪贴库中选出两张图片,插入到文档中

① 在"插入"选项卡的"插图"组中单击"图片"或"剪贴画"按钮,在文档中适当的位置插入图片1、图片2。

② 选定图片1,在"绘图工具/格式"选项卡的"排列"组中单击"位置"→"其他布局选项",弹出"布局"对话框,见图1-6-11。

③ 在"文字环绕"选项卡中设置"环绕方式"为"嵌入型",单击"确定"按钮。

④ 类似图片1的设置,将图片2的文字环绕方式设置为"四周型",在"自动换行"中选中"只在左则"。

(4) 为两张图加题注,标签为"图",编号"1,2,3…"

① 在图片1下插入一个空行,将光标定位在图片1的下方。

② 在"引用"选项卡的"题注"组中单击"插入题注"按钮,弹出如图1-6-12所示的对话框。

③ 单击"新建标签"按钮,输入"图";单击"编号"按钮,弹出如图1-6-13所示的对话框,在"样式"中选择"1,2,3…",单击"确定"按钮,返回到"题注"对话框。

 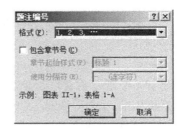

图1-6-12 "题注"对话框　　　　图1-6-13 "题注编号"对话框

④ 输入题注说明"嵌入式图文混排",见图1-6-12。

⑤ 选中图片2,将它放置在文字的右侧,插入文本框,并将文本框设置成合适的大小,放在图片2的下方。

⑥ 同时选定图片2和文本框,单击右键,在弹出的快捷菜单中选择"组合"命令,将两者结合成一体。

⑦ 在图片2下的文本框内插入题注"图2 文字环绕式图文混排",方法类似图片1的题注设置过程。

(5) 在文档的尾部插入下面的公式

$$y = \sqrt{\frac{(a^3)}{\sqrt[3]{(a-b^3)}}} \times \sqrt{\sum_{i=1}^{n}(x_i - y_i)^3}$$

① 将光标定位到文档的最后,在"插入"选项卡的"符号"组中单击"π 公式"下方的小箭头可以看到已经提供的常用公式,如"二项式定理"、"勾股定理"等。

② 若未能找到需要的公式样式,可选择"插入新公式"命令,将激活"设计"标签,如图1-6-14所示。

图 1-6-14 "公式"设计工具栏

③ 选择适当的符号,如数字、希腊字母、运算符、箭头、手写体常用变量等,建立自定义公式。

④ 双击文档空白处,退出公式编辑,回到文字编辑状态。

操作练习

(1)表格操作

❶ 新建文档 WD63.docx,根据表 1-6-3 所示的内容创建表格,标题居中。

表 1-6-3 课程表

时间\星期		星期一	星期二	星期三	星期四	星期五	星期六	星期日
上午	第一二节	C 语言程序设计		Office 高级应用	Office 高级应用			大学计算机基础
	第三四节	C 语言程序设计	Offic 高级应用		C 语言程序设计		英语	
中午								
下午	第五六节	C 语言程序设计				C 语言程序设计		大学计算机基础
	第七八节		英语		C 语言程序设计		英语	

❷ 行标题、时间列的字体设置为黑体、小四、加粗,课程名的字体设置为宋体、五号、常规。

❸ 外框线设置 1.5 磅粗线,内框线设置 0.75 磅细线。

❹ 将表格所有单元格设置为水平、垂直居中;表格居中对齐。

(2)图文混排操作

新建文档 WD64.docx,输入以下文字,按要求完成下列操作。

固态硬盘

固态硬盘简称固盘,是用固态电子存储芯片阵列而制成的硬盘,由控制单元和存储单元(Flash 芯片、DRAM 芯片)组成。固态硬盘在接口的规范和定义、功能及使用方法上,固态硬盘与普通硬盘的完全相同,在产品外形和尺寸上也完全与普通硬盘一致。固态硬盘被广泛应用于军事、车载、工控、视频监控、网络监控、网络终端、电力、医疗、航空、导航设备等领域。

❶ 将标题改为艺术字。

❷ 在文档中插入剪贴画,以"四周型"版式进行图文混排。

❸ 在文档末尾插入数学公式 $y = \sqrt{\dfrac{(a^3+b^3)}{\sum_{1}^{100}(ab+b^5)\int_{1}^{2}\sin(x)\mathrm{d}x}}$。

实验 7

Word 2010 综合应用

实验目的

❶ 通过对文档的排版,了解文章的基本结构。
❷ 掌握多级编号设置的方法。
❸ 理解样式的概念,掌握样式应用的方法。
❹ 掌握图表的题注及交叉引用应用的方法。
❺ 掌握创建文档目录的方法。

实验内容

(1)输入文档内容。

> 第一章 浙江旅游概述
> 1.1 浙江来由及历史
> 浙江因钱塘江(又名浙江)而得名。它位于我国长江三角洲的南翼,北接江苏、上海,西连安徽、江西,南邻福建、东濒东海。
> 1.2 浙江地形及气候特点
> 浙江地形的特点是"七山一水二分田",如图所示。

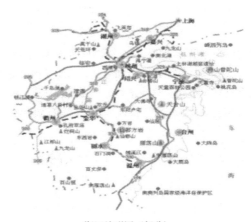

浙江地形图(部分)

1.3 浙江旅游资源

浙江旅游资源丰富，资源单体类型如表1所示。

表1 浙江省部分旅游资源表

地区	地文景观	水域风光	生物景观	遗址遗迹
全省	4029	1553	1396	1000
杭州	278	152	137	166
宁波	144	86	137	87
温州	1081	422	192	95

目前，浙江省已形成以西湖为中心，东、南、西、北四条各具特色的线路构成旅游网络，如表2所示。

表2 2004年浙江省部分旅游收入表

城市	收入（亿元）	比率（%）
全省	695.3	100.0
杭州	290	41.7
宁波	155.8	22.4
温州	66.6	9.6

第二章 浙江主要自然旅游资源

2.1 名山

1．西湖群山

2．孤山

2.2 名洞

（1）杭州七大古洞

（2）灵山洞

2.3 江河

（1）钱塘江

（2）富春江

2.4 湖泊

1．西湖

2．千岛湖

2.5 海岛

1．普陀山

向有"海天佛国"、"蓬莱仙境"之称。为国家级重点风景名胜区，如图所示。

普陀风景区图

2．桃花岛

桃花岛古称白云山，山奇、林密、石怪、礁美是该岛的特色。

第三章　浙江主要人文旅游资源

3.1　古遗址

（1）河姆渡遗址

它证明了中国是世界上稻作文化的重要发源地之一，如图所示。

河姆渡遗址图

（2）马家浜遗址

3.2　古镇、古村落、古民居

1．乌镇

2．诸葛八卦村

3．浦江郑宅

第四章　土特产

4.1　名茶

西湖龙井产于杭州西湖西侧丘陵，以"色翠、香郁、味甘、形美"四绝闻名中外。

4.2　名酒

绍兴黄酒是我国最古老的酒之一，它以优质糯米、小麦和绍兴鉴湖水为原料，经独特工艺发酵酿造而成。

4.3　中药

（1）浙八味

杭菊、浙贝、白术、白芍、元胡、玄参、麦冬、郁金合称"浙八味"，驰名中外。

（2）杭州丝绸

杭州素有"丝绸之府"之称，被誉为"东方艺术之花"。

（2）创建新文档 WD71.docx，输入上述内容，保存在 D:\MYDIR 文件夹下。

❶ "章"名使用样式"标题1"，居中，编号格式为"第 X 章"。其中"X"为自动排序（如第 1 章、第 2 章、第 3 章，…）。

❷ "小节"名使用样式"标题2"，左对齐，编号格式为"多级符号 X.Y"。其中"X"为章序号，"Y"为节序号（如 1.1、1.2、1.3、2.1、2.2、2.3，…）。

❸ 将文档中出现的"1．…2．…3．…"或"（1）…（2）…（3）…"改成自动编号，编号形式不变。

（3）插入题注、交叉引用。

❶ 在图的下方添加题注，建立交叉引用，要求：

⊙ 标签设置为"图"。

⊙ 编号设置成"章序号-图在章中的序号"，如"1-1，1-2，2-3，…"。

- ⊙ 说明使用图下一行文字，格式同题注的编号。
- ⊙ 图居中、题注居中。
- ⊙ 对正文中引用该图的地方建立交叉索引。
- ❷ 在表的上方添加题注，建立交叉引用，要求：
- ⊙ 标签设置为"表"。
- ⊙ 编号设置成"章序号-表在章中的序号"，如"1-1，1-2，2-3，…"。
- ⊙ 说明使用表上一行文字，格式同题注的编号。
- ⊙ 表居中、题注居中。
- ⊙ 对正文中引用该表的地方建立交叉索引。

（3）样式及应用

❶ 新建一个基于正文的样式，样式名为"自定义样式 666"。其中：
- ⊙ 字体设置为中文字体为"楷体"，西文字体为"Times New Roman"，字号为"小四"。
- ⊙ 段落设置成首行缩进 2 字符，1.5 倍行距。

❷ 将"自定义样式 666"应用到正文中的文字。章、节标题、题注、表格、图片和自动编号除外。

（4）查找和替换

❶ 将全文中的"浙江"改为"浙江（zhejiang）"、颜色改为"红色"，加"蓝色双下画线"，字体设置成"粗体、斜体"。

❷ 将全文中的英文字母改写成大写。

（5）表格格式化

❶ 将文档中的表格外框线设置为 1.5 磅，且没有左右外框线，内框线粗细为 0.75 磅。

❷ 将表格中的第 1 行设置底纹"浅绿"。

❸ 将表格中所有文字设置水平、垂直居中，为宋体、五号。

（6）设置页眉和页脚

将页眉设置为"浙江旅游简介"；在页脚中插入页码"第 X 页"，其中 X 采用"I，II，III，…"格式，两者均居中显示。

（7）插入分页符、分节符，创建目录

❶ 在文档合适的位置插入分页符，使每章都从新一页开始。

❷ 在文档头插入分节符（下一页），在空白页中添加文字"目录"，格式为"标题 1"，居中显示，并在其下方创建文档目录。

（8）页面设置

设置文档上、下、左、右页面边距为 2.3 厘米，页眉、页脚均为 1.7 厘米，其他默认。

实验操作

1．简单编号与多级编号

（1）章节编号

❶ "章"名使用样式"标题 1"，居中，编号格式为"第 X 章"。其中"X"为自动排序（如第 1 章、第 2 章、第 3 章，…）。操作如下：

① 将光标定位在文档第 1 行，在"开始"选项卡的"段落"组中单击"多级列表"→"定义新的多级列表"命令，如图 1-7-1 所示，弹出"定义新多级列表"对话框。

② 在"单击要修改的级别"下选择"1",如图 1-7-2 所示。

图 1-7-1 多级编号

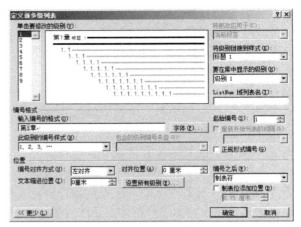

图 1-7-2 设置标题 1 格式

③ 删除"输入编号的格式"下的文本框中所有内容,输入"第章"。

④ 将光标定位在"第"、"章"中间,在"此级别的编号样式"下拉列表中选择"1,2,3…",则"输入编号的格式"文本框中将显示"第 1 章"。

⑤ 单击"更多"按钮,在"将级别链接到样式"下拉列表中选择"标题 1",在"要在库中显示的级别"下拉列表中选择"级别 1"。

⑥ 在"位置"项下,将"对齐位置"设置为"0 厘米",将"文本缩进位置"设置为"0 厘米",单击"确定"按钮。

⑦ "开始"选项卡的"样式"组中新增一个工具按钮,如图 1-7-3 所示。右击该按钮,在弹出的快捷菜单中选择"修改"命令,弹出"修改样式"对话框,如图 1-7-4 所示。

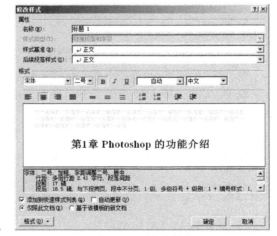

图 1-7-3 自定义"级别 1"按钮　　　　图 1-7-4 修改样式-1

⑧ 单击"格式"下的"居中"按钮,观察预览框中内容的显示效果,然后单击"确定"按钮。"章"的级别设置完成,并同时应用到文档的首行("第一章")。

⑨ 将光标逐个定位到其他需要设置的位置,依次对文章中其他几章的标题应用该样式。

❷ "节"名使用样式"标题 2",左对齐,编号格式为"多级符号 X.Y"。其中,"X"为章

序号,"Y"为节序号(如 1.1、1.2、1.3,2.1、2.2、2.3,…)。操作如下:

① 将光标定位在第一行上,在"定义新多级列表"对话框(见图 1-7-2)的"单击要修改的级别"下选择"2"。

② 删除"输入编号的格式"的文本框中所有内容。

③ 在"前一级别编号中"中选择"级别 1",在"编号格式"中自动出现"1"。

④ 在"1"后输入小数点".",在"此级别编号样式"中选择"1,2,3……",此时"输入编号的格式"文本框中自动出现"1.1"。

⑤ 单击"更多"按钮,右边的选项"将级别链接到样式"设置成"标题 2",在"要在库中显示的级别"下拉列表中设置成"级别 2"。

⑥ 在"位置"项下,将"对齐位置"设置为"0 厘米",将"文本缩进位置"设置为"0 厘米",如图 1-7-5 所示,单击"确定"按钮。"节"的级别设置完成。此时"开始"选项卡的"样式"组中新增一个工具按钮,如图 1-7-6 所示。

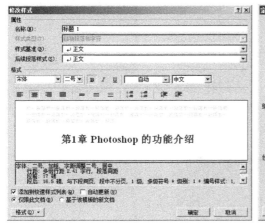

图 1-7-5 修改样式-2

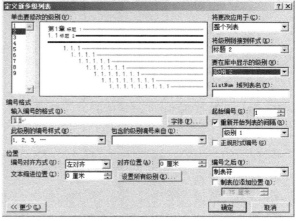

图 1-7-6 设置"节"

⑦ 由于光标定位在首行"第 1 章"设置的"节"级别,新增加的"节"样式"1.1"影响了该行,必须单击按钮,使得首行标题重新恢复到"章"级别。

⑧ 依次选定文章中其他章的节名,按次序进行设置。

(2)简单编号

将文档中出现的"1.…2.…3.…"或"(1)…(2)…(3)…"改成自动编号,编号形式不变。操作如下:

① 利用 Ctrl 键选中正文中第一处出现"1,2,3…"编号的行,在"开始"选项卡的"段落"组中单击"编号",在下拉列表中选择与原编号表示形式一致的格式,如图 1-7-6 所示,即可设置自动编号。

② 依次查找出现编号"1,2,3…"或"(1),(2),(3),…"的地方,对不连续的编号用 Ctrl 键组合选定,设置自动编号。

③ 若需要修改编号的级别,须选定该编号,在图 1-7-7 中选择"更改列表级别"命令,在弹出的子列表中选择合适的编号级别,对文档进行设置,如图 1-7-8 所示。

④ 若设置的"编号值"受上次自动编号影响,须选定该编号,在图 1-7-7 中选择"设置

编号值"命令,弹出"起始编号"对话框,如图 1-7-9 所示,从中可以设置"开始新列表"或"继续上一列表"编号,还可以设置编号的起始值。

图 1-7-7 自动编号

图 1-7-8 设置编号级别

图 1-7-9 "起始编号"对话框

2. 题注与交叉索引

（1）题注

❶ 在图的下方添加题注（如"图 1-2 XXXXXXXX"），要求：

⊙ 标签设置为"图"。

⊙ 编号设置成"章序号-图在章中的序号"，如"1-1，1-2，2-3，…"。

⊙ 说明使用图下一行文字，格式同题注的编号。

⊙ 图居中、题注居中。

操作如下：

① 将光标定位在图下一行文字的起始位置，在"引用"选项卡的"题注"组中单击"插入题注"按钮，弹出"题注"对话框，如图 1-7-10 所示。

② 设置题注标签为"图"，若标签不存在，单击"新建标签"按钮，创建新标签。

③ 单击"编号"按钮，弹出"题注编号"对话框（如图 1-7-11 所示），勾选"包含章节号"复选框，将"章节起始样式"设为"标题 1"，在"使用分隔符"下拉列表中选择"-连字符"，单击"确定"按钮，返回到"题注"对话框。

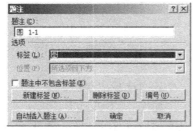

图 1-7-10 "题注"对话框

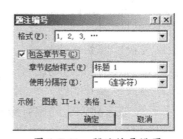

图 1-7-11 题注编号设置

④ 此时"题注"对话框中显示的"题注"即为所需。单击"确定"按钮,设置完成。图的下方插入了标签"图"、编号,后面的文字变成与标签一样的格式,成为题注的说明。

⑤ 选中图及其题注,在"开始"选项卡的"段落"组中单击"居中"按钮,使图、题注居中显示。

❷ 在表的上方添加题注,建立交叉引用,要求:

⊙ 标签设置为"表"。

⊙ 编号设置成"章序号-表在章中的序号",如"1-1,1-2,2-3,…"。

⊙ 说明使用表上一行文字,格式同题注的编号。

⊙ 表居中、题注居中。

⊙ 对正文中引用该表的地方建立交叉索引。

操作如下:

① 将光标定位在表格上一行文字的起始位置,类似插入"图题注"的方法,为表创建题注,设置标签为"表"。

② 选中表及其题注,在"开始"选项卡的"段落"组中单击"居中"按钮,使表、题注居中显示。

(2) 交叉索引

❶ 对正文中引用图的地方建立其交叉索引。操作如下:

① 选中"如图所示…"中的"图"字,在"引用"选项卡的"题注"组中单击"交叉引用"按钮,打开"交叉引用"对话框,如图1-7-12所示。

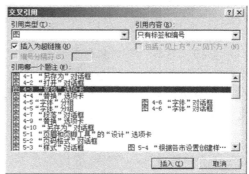

图1-7-12 "交叉引用"对话框

② 在"引用类型"中选择"图"字,单击所要引用的题注,在"引用内容"中选择"只有标签和编号",再单击"插入"按钮。

③ 逐一检查文档其他图,设置交叉引用,方法类似。

❷ 对正文中引用表的地方建立其交叉索引。操作如下:

① 选中"如表所示…"中的"表"字,在"引用"选项卡的"题注"组中单击"交叉引用"按钮,打开如图1-7-12所示的对话框。

② 在"引用类型"中选择"表",单击所要引用的题注,在"引用内容"中选择"只有标签和编号",单击"插入"按钮。

③ 逐一检查文档其他表,设置交叉引用,方法类似。

3. 新建样式与样式应用

(1) 新建样式

新建一个基于正文的样式,样式名为"自定义样式666"。其中,字体设置为中文字体为"楷体",西文字体为"Times New Roman",字号为"小四";段落设置成首行缩进2字符,1.5倍行距。操作步骤如下:

① 将光标定位在第一个自然段正文文字中,在"开始"选项卡的"样式"组中单击对话框按钮,打开"样式"对话框,如图1-7-13所示。

② 选中样式中的"正文",在"样式"对话框的左下角单击"新建样式"按钮,打开"根据格式设置创建样式"对话框,如图1-7-14所示。

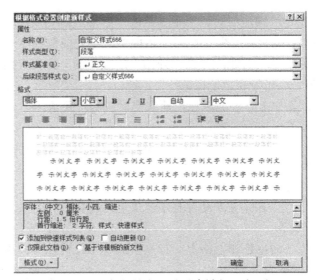

图 1-7-13 选择样式　　图 1-7-14 "根据格式设置创建样式"对话框

③ 在"名称"框中输入样式的名称"自定义样式 666",在"样式类型"框中选择"段落",以指定所创建的样式类型。

④ 单击"格式"按钮,分别对"字体"、"段落"格式进行设置,结果如图 1-7-14 中"预览"窗格下的样式说明。

（2）样式的应用

将"自定义样式 666"应用到正文,章、节标题、题注、表格、图片和自动编号除外。操作如下：

① 将光标定位在需要设置的段落中任意位置,在"开始"选项卡的"样式"组中单击对话框按钮,打开"样式"对话框。

② 单击新建样式"自定义样式 666",即将该样式的格式应用到段落中。

4．文档的编辑及格式化

（1）查找和替换

❶ 将全文中的"浙江"改为"浙江（zhejiang）"、"红色",加"蓝色双下画线",字体设置成"粗体、斜体"。操作如下：

① 将光标定位到文档头,在"开始"选项卡的"编辑"组中单击"替换"按钮,弹出"查找和替换"对话框。

② 输入查找内容、替换内容,单击"更多"按钮,设置字体格式、下画线格式。

③ 单击"全部替换"按钮。

❷ 将全文中的英文字母改写成大写。操作步骤如下：

通过"特殊格式"按钮,将查找内容设置成任意字母"^$",其他操作类似文字替换过程。

（2）表格格式化

将文档中的表格外框线设置为 1.5 磅,且没有左右外框线,内框线设为 0.75 磅,表格第 1 行设置底纹"浅绿";表格中的所有文字设置水平、垂直居中,为宋体、五号。操作如下：

① 选中整个表格,在"表格工具/设计"选项卡的"表格样式"组中单击"边框"→"边框和底纹",弹出"边框和底纹"对话框（见实验 5 中的图 1-5-7）。

② 将"宽度"设为 1.5 磅；单击"设置"下的"全部"，表格内外框线均设为 1.5 磅。

③ 在"预览"框中单击左右外框线，即删除。

④ 在"预览"框中单击内框横线、竖线，取消内框线，再将线"宽度"设为 0.75 磅，重新单击"预览"框中内框横线、竖线，此时表格内框线已经改为 0.75 磅细线，外框线依然为 1.5 磅粗线。

⑤ 选中表格第 1 行，选择"底纹"选项卡，将"填充"设为"浅绿"，单击"确定"按钮。

⑥ 选中表格所有的单元格，在"开始"选项卡的"字体"组中利用字体、字号工具设置文字格式；单击右键，在弹出的快捷菜单中选择"单元格对齐方式"→"水平居中"。

5．目录及页面设置

（1）设置页眉和页脚

将页眉设置为"浙江旅游简介"；在页脚中插入页码"第 X 页"，其中 X 采用"Ⅰ, Ⅱ, Ⅲ，…"格式，两者均居中显示。操作如下：

① 将光标定位在文档的最前面，在"插入"选项卡的"页眉和页脚"组中单击"页眉"→"编辑页眉"，然后输入"简介"，设置居中显示。

② 在"页眉页脚"组中单击"页脚"→"编辑页脚"，光标跳到页面底端，输入"第页"，再将光标定位在两个字中间，在"页眉页脚"组中单击"页码"→"当前位置"项下的第 1 项，则插入页码。

③ 选中该页码，在"页码"下拉列表中选择"设置页码格式"，弹出"页码格式"对话框，如图 1-7-15 所示，将"编号格式"设置成"Ⅰ, Ⅱ, Ⅲ，…"，单击"确定"按钮。

图 1-7-15　设置页码格式

④ 单击"关闭页眉和页脚"按钮。

（2）插入分节符，创建目录

❶ 在文档头插入分节符（下一页）。操作如下：

① 将光标定位在"第 1 章"的起始位置。

② 在"页面布局"选项卡的"页面设置"组中单击"分隔符"→"分节符类型"→"下一页"，插入分节符。

❷ 在第 1 节的空白页中添加文字"目录"，格式为"标题 1"，居中显示，并在其下方创建文档目录。操作如下：

① 将插入点定位在文档的起始位置。

② 输入"目录"，单击样式"第 1 章标题 1"，选中"目录"前自动生成的"第 1 章"，按 Delete 键删除。

③ 光标定位在"目录"后，在"引用"选项卡的"目录"组中单击"目录"的下三角按钮，选择"插入目录"，弹出"目录"对话框，如图 1-7-16 所示。

④ 选择"目录"选项卡，设置显示的标题级别，单击"确定"按钮，完成插入目录。

（3）页面设置

设置文档上、下、左、右页面边距 2.3 厘米，页眉、页脚均为 1.7 厘米，其他默认。操作如下：

① 在"页面布局"选项卡的"页面设置"组中单击"页边距"→"自定义边距…"，弹出"页面设置"对话框。

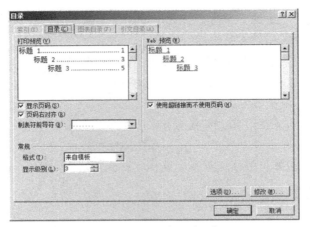

图 1-7-16 "目录"对话框

② 单击"页边距"选项卡，设置上、下、左、右均为 2.3 厘米。
③ 单击"版式"选项卡，设置页眉、页脚边距分别设置为 1.7 厘米。
④ 单击"确定"按钮。

操作练习

（1）从网络下载一篇文章，有标题、且将正文分成 4 个段落。
（2）将文章标题设置为楷体、二号、加粗，颜色为红色，浅绿色底纹并加边框。
（3）文章所有段落首行缩进 2 个字符，左、右缩进各 2 个字符，1.25 倍行距，字体设置为宋体、小四。
（4）将第一段设置成首字下沉，最后一个段落分成 2 栏，加分隔线。
（5）从网上下载或从本地计算机上获取图片，在第二段文字中间插入所提供的图片。将图片格式设置为高 4 厘米，宽 8 厘米，紧密型环绕文字方式，添加蓝色、0.5 磅的边框。
（6）添加页脚内容为"我的文档"，页脚添加页码"第 X 页"，样式为"i，ii，iii，…"，居中对齐方式显示。
（7）设置页边距，上 2.54 厘米、下 2.54 厘米、左 1.91 厘米、右 1.91 厘米，纸张为 A4。
（8）将最后两段内容调换，并添加项目符号❖。
（9）给自己设计一张漂亮的生日贺卡（要求运用艺术字）。
（10）设计一个自己的毕业推荐表。

实验 8

Excel 2010 基本操作

实验目的

❶ 掌握 Excel 2010 启动和退出的方法。
❷ 熟练掌握各种不同类型数据的输入方法。
❸ 掌握不同数据序列的快速填充方法。
❹ 掌握工作表中数据格式和对齐方式的设置方法。
❺ 熟练掌握工作表中数据的编辑和修改的方法。
❻ 掌握条件格式的设置和应用的方法。
❼ 掌握保护工作表的方法。
❽ 熟练掌握打印工作表的操作。

实验内容

（1）Excel 2010 文档的创建、保存

启动 Excel 2010，在空白工作表 Sheet1 中输入如图 1-8-1 所示的数据，将工作表 Sheet1 重命名为"职工工资表"；然后将工作簿文件以"实验 8（初始数据）.xlsx"为文件名保存到 "D:\电子表格"目录下（该文件夹需自己创建）。以下操作均基于"实验 8（初始数据）.xlsx" 文档的操作。

	A	B	C	D	E	F	G
1	姓名	性别	基本工资	奖金	房租	应发工资	实发工资
2	程俊	男	315	253	50		
3	程宗文	男	285	230	40		
4	单娟	女	490	300	45		
5	董江波	男	200	100	35		
6	傅珊珊	女	580	320	65		
7	谷金力	男	390	240	55		
8	何再前	女	500	258	40		
9	黄威	男	300	230	45		
10	黄芯	女	450	280	35		
11	贾丽娜	女	200	100	60		
12	简红强	男	280	220	55		
13	刘念	男	360	240	45		
14	刘启立	女	612	450	50		
15	刘晓瑞	男	460	260	55		
16	陆东兵	女	380	230	60		

图 1-8-1　工作表初始数据

(2) 工作表基本操作

❶ 将"性别"列调整为合适的列宽。

❷ 将职工"谷金力"和"刘启立"两行记录交换位置。

❸ 在"姓名"列前插入一列,列标题为"职工工号",第一条记录的工号为"0130001",其他职工的工号通过填充柄进行填充(工号为字符型)。

❹ 在"房租"列前插入一列,列标题为"交通补贴",由于每个职工的"交通补贴"都是100元,所以只需在单元格F2中输入"100"。

❺ 设置第1~16行的行高为"15",并将所有数据水平居中显示。

(3) 添加批注

给"基本工资"数据区域D2:D16中最高的数据添加批注"该职工的基本工资最高"。

(4) 公式

❶ 利用公式,计算每个职工的"应发工资"和"实发工资",并将这两列的数据格式设置为加"¥"的货币格式,结果保留整数。

其中,应发工资=基本工资+奖金+交通补贴,实发工资=应发工资-房租。

❷ 在单元格G17和G18中分别输入"合计"和"平均值",利用函数计算"应发工资"和"实发工资"的总和和平均值,平均值保留1位小数。

(5) 条件格式

利用突出显示单元格的方法,将"实发工资"列中"800"以上的数据用加粗、红色字体显示,"500"以下的数据用加粗倾斜、蓝色字体显示。

(6) 设置单元格格式

❶ 在第1行之前插入一行,输入表标题"职工工资表",将单元格A1~I1合并居中,并将表标题设置为楷体、14号、加粗、黄色字体,单元格填充颜色为浅蓝色。

❷ 将列标题设置为宋体、黑色、加粗字体,单元格填充颜色为白色,背景1,深色35%。

❸ 将"职工工资表"的外边框设置为深蓝色粗实线,内部表格线设置为深蓝色细实线。

(7) 工作表保护

❶ 将"职工工资表"工作表中的数据复制到工作表Sheet2中,并将Sheet2重命名为"实验8",设置标签颜色为红色。

❷ 将"职工工资表"工作表中的"实发工资"列的数据锁定,并将工作簿文件以文件名"实验8(结果).xlsx"另存到"D:\电子表格"目录下。

实验操作

1. Excel 2010 文档的创建、保存

启动Excel 2010,在空白工作表Sheet1中输入如图1-8-1所示的数据,将工作表Sheet1重命名为"职工工资表";然后将工作簿文件以"实验8(初始数据).xlsx"为文件名保存到"D:\电子表格"目录下("电子表格"文件夹需自己创建)。操作如下:

① 双击桌面上的"Microsoft Excel 2010"快捷图标,或在"开始"菜单中选择"所有程序"→"Microsoft Office"→"Microsoft Excel 2010"命令,即可启动Excel 2010,默认会自动创建一个空白工作簿,如图1-8-2所示。

② 在工作表Sheet1中依次输入相关数据。右击"Sheet1"标签,在弹出的快捷菜单中选择"重命名",或者直接双击"Sheet1"标签,标签变为编辑状态时,输入"职工工资表"。

③ 在"文件"选项卡中选择"保存"命令，或者直接单击"快速访问工具栏"中的"保存"按钮，弹出"另存为"对话框；在左窗格中选择保存目录，在"文件名"文本框中输入"实验8（初始数据）"，如图1-8-3所示，单击"保存"按钮。

图1-8-2 空白工作簿　　　　　　　图1-8-3 "另存为"对话框

2．工作表基本操作

（1）将"性别"列调整为合适的列宽。操作如下：将鼠标放置B列和C列的列号之间，当鼠标变为双向箭头时，双击鼠标即可。

（2）将职工"谷金力"和"刘启立"两行记录交换位置。操作如下：

① 将鼠标放置"谷金力"所在行的行号上，鼠标形状变为向右的黑色箭头，单击鼠标选定该行数据。

② 将鼠标移到该行底部，当鼠标变为✥形状时，按住Shift键的同时拖动鼠标到"刘启立"处。

③ 按照同样的方法，选定"刘启立"所在行的数据。

④ 将鼠标移到该行底部，当鼠标形状变为✥形状时，按住Shift键的同时拖动鼠标到原"谷金力"处，便使这两行相互交换了位置。结果如图1-8-4所示。

图1-8-4 两行记录交换后的结果

（3）在"姓名"列前插入一列，列标题为"职工工号"，第一条记录的工号为"0130001"，其他职工的工号通过填充柄进行填充（工号为字符型）。操作如下：

① 将鼠标放置A列的列号上，鼠标变为向下的黑色箭头，单击鼠标选定A列数据。

② 单击右键，在弹出的快捷菜单中选择"插入"，即可插入一新的空白列；或者在"开始"选项卡的"单元格"组中单击"插入"→"插入工作表列"。

③ 在A1单元格中输入"职工工号"。

④ 在A2单元格中输入"'0130001"（先输入英文单引号，注意：双引号不输入）。

⑤ 将鼠标移到A2单元格右下角的填充柄处，当鼠标形状变为＋时，向下拖动鼠标，便能实现对其他职工工号的快速填充，操作结果如图1-8-5所示。

（4）在"房租"列前插入一列，列标题为"交通补贴"，由于每个职工的"交通补贴"都是 100 元，所以只需在 F2 单元格输入“100”。操作如下：

① 将鼠标放置 F 列的列号上，鼠标变为向下的黑色箭头，选定 F 列数据。

② 单击右键，在弹出的快捷菜单中选择“插入”，或者在“开始”选项卡的“单元格”组中单击“插入”→“插入工作表列”，可插入一新的空白列。

③ 在 F1 单元格中输入“交通补贴”，在 F2 单元格中输入“100”，如图 1-8-6 所示。

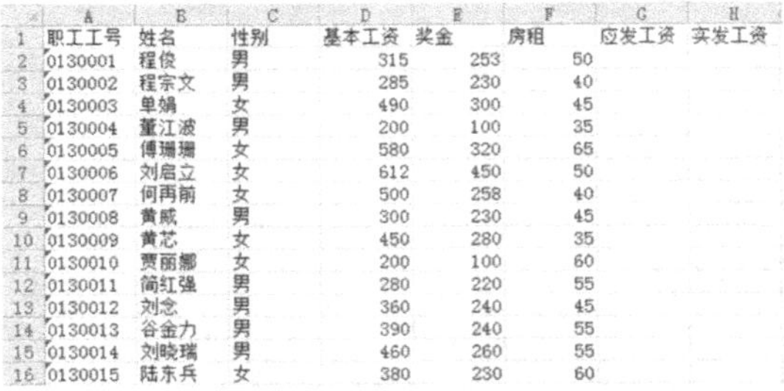

	A	B	C	D	E	F	G	H
1	职工工号	姓名	性别	基本工资	奖金	房租	应发工资	实发工资
2	0130001	程俊	男	315	253	50		
3	0130002	程宗文	男	285	230	40		
4	0130003	单娟	女	490	300	45		
5	0130004	董江波	男	200	100	35		
6	0130005	傅珊珊	女	580	320	65		
7	0130006	刘启立	女	612	450	50		
8	0130007	何再前	女	500	258	40		
9	0130008	黄威	男	300	230	45		
10	0130009	黄芯	女	450	280	35		
11	0130010	贾丽娜	女	200	100	60		
12	0130011	简红强	男	280	220	55		
13	0130012	刘念	男	360	240	45		
14	0130013	谷金力	男	390	240	55		
15	0130014	刘晓瑞	男	460	260	55		
16	0130015	陆东兵	女	380	230	60		

图 1-8-5　填充好“职工工号”的结果

	A	B	C	D	E	F	G	H	I
1	职工工号	姓名	性别	基本工资	奖金	交通补贴	房租	应发工资	实发工资
2	0130001	程俊	男	315	253	100	50		
3	0130002	程宗文	男	285	230		40		
4	0130003	单娟	女	490	300		45		
5	0130004	董江波	男	200	100		35		
6	0130005	傅珊珊	女	580	320		65		
7	0130006	刘启立	女	612	450		50		
8	0130007	何再前	女	500	258		40		
9	0130008	黄威	男	300	230		45		
10	0130009	黄芯	女	450	280		35		
11	0130010	贾丽娜	女	200	100		60		
12	0130011	简红强	男	280	220		55		
13	0130012	刘念	男	360	240		45		
14	0130013	谷金力	男	390	240		55		
15	0130014	刘晓瑞	男	460	260		55		
16	0130015	陆东兵	女	380	230		60		

图 1-8-6　插入“交通补贴”列

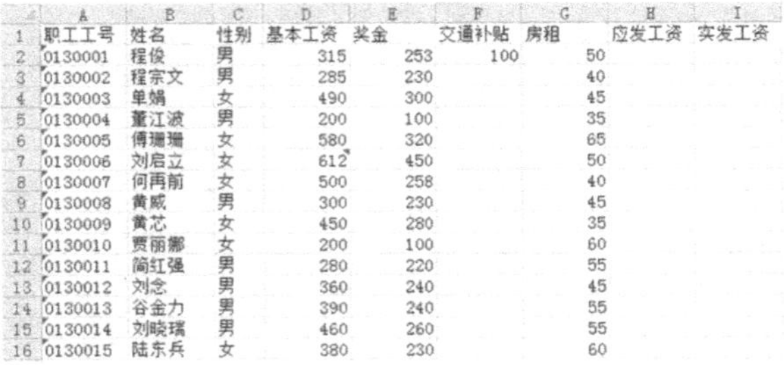

（5）设置第 1～16 行的行高为“15”，并将所有数据水平居中显示。操作如下：

① 选定单元格区域 A1:I16，在“开始”选项卡的“单元格”组中单击“格式”→“行高”，在打开的“行高”对话框的“行高”文本框中输入“15”，单击“确定”按钮。

② 在“开始”选项卡的“对齐方式”组中单击“居中”按钮，调整数据在单元格中水平居中显示。

3. 添加批注

给“基本工资”数据区域 D2:D16 中最高的数据添加批注“该职工的基本工资最高”。操作如下：选定要添加批注的 D7 单元格，在“审阅”选项卡的“批注”组中单击“新建批注”按钮，或者单击右键，在弹出的快捷菜单中选择“插入批注”，在弹出的批注框中输入批注文本“该职工的基本工资最高”，效果如图 1-8-7 所示。

4. 公式

（1）利用公式，计算每个职工的“应发工资”和“实发工资”，并将这两列的数据格式设置为加“￥”的货币格式，结果保留整数。其中，应发工资=基本工资+奖金+交通补贴，实发工资=应发工资-房租。操作如下：

① 选定 H2 单元格，在单元格或者编辑栏中输入“=”。

② 选择 D2 单元格，输入“+”；选择 E2 单元格，输入“+”；选择 F2 单元格，在列号“F”和行号“2”前分别输入“$”，如图 1-8-8 所示；然后按 Enter 键，完成 H2 单元格的计算。

	A	B	C	D	E	F	G	H
1	职工工号	姓名	性别	基本工资	奖金	房租	应发工资	实发工资
2	0130001	程俊	男	315	253	50		
3	0130002	程宗文	男	285	230	40		
4	0130003	单娟	女	490	300	45		
5	0130004	董江波	男	200	100	35		
6	0130005	傅珊珊	女	580				
7	0130006	刘启立	女	612				
8	0130007	何再前	女	500				
9	0130008	黄威	男	300				
10	0130009	黄芯	女	450				
11	0130010	贾丽娜	女	200	100	60		
12	0130011	简红强	男	280	220	55		
13	0130012	刘念	男	360	240	45		
14	0130013	谷金力	男	390	240	55		
15	0130014	刘晓瑞	男	460	260	55		
16	0130015	陆东兵	女	380	230	60		

图 1-8-7　插入批注

	A	B	C	D	E	F	G	H	I
1	职工工号	姓名	性别	基本工资	奖金	交通补贴	房租	应发工资	实发工资
2	0130001	程俊	男	315	253	100	50	=D2+E2+$F$2	
3	0130002	程宗文	男	285	230		40		
4	0130003	单娟	女	490	300		45		
5	0130004	董江波	男	200	100		35		
6	0130005	傅珊珊	女	580	320		65		
7	0130006	刘启立	女	612	450		50		
8	0130007	何再前	女	500	258		40		
9	0130008	黄威	男	300	230		45		
10	0130009	黄芯	女	450	280		35		
11	0130010	贾丽娜	女	200	100		60		
12	0130011	简红强	男	280	220		55		
13	0130012	刘念	男	360	240		45		
14	0130013	谷金力	男	390	240		55		
15	0130014	刘晓瑞	男	460	260		55		
16	0130015	陆东兵	女	380	230		60		

图 1-8-8　计算“应发工资”

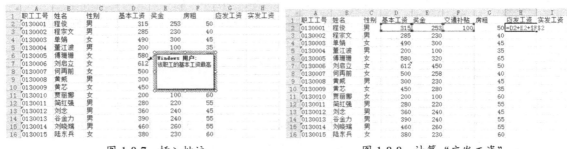

③ 将鼠标移到 H2 单元格右下角的填充柄处，当鼠标形状变为 + 时，向下拖动鼠标，便能实现对其他职工应发工资的计算。

④ 根据"实发工资=应发工资-房租"计算实发工资，具体操作如下（略）。

⑤ 选定单元格区域 H2:I16，单击右键，在弹出的快捷菜单中选择"设置单元格格式"，打开"设置单元格格式"对话框。

⑥ 选择"数字"选项卡，在"分类"列表框中选择"货币"，在"货币符号"选项右侧的下拉列表中选择"￥"，在"小数位数"文本框中输入"0"，如图 1-8-9 所示，单击"确定"按钮。结果如图 1-8-10 所示。

图 1-8-9 "设置单元格格式"对话框

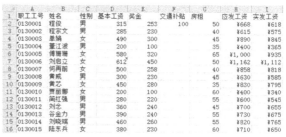

图 1-8-10 设置货币格式的结果

（2）在 G17 和 G18 单元格中分别输入"合计"和"平均值"，利用函数计算"应发工资"和"实发工资"的总和和平均值，平均值保留 1 位小数。操作如下：

① 选定 H17 单元格，在"开始"选项卡的"编辑"组中单击"自动求和"按钮，求和函数 SUM()出现在 H17 单元格中，如图 1-8-11 所示；默认的参数 H2:H16 是正确的单元格区域，按 Enter 键即可完成"应发工资"的求和。

② 将鼠标指针移到 H17 单元格右下角的填充柄处，当鼠标形状变为 + 时，向右拖动鼠标，便能实现对"实发工资"的求和。

③ 选定 H18 单元格，单击"自动求和"按钮右侧的 ▾，从中选择"平均值"，把默认的参数修改为 H2:H16，按 Enter 键；拖动填充柄，完成"实发工资"平均值的计算。

④ 平均值保留 1 位小数的设置参照第 7 题的操作。结果如图 1-8-12 所示。

图 1-8-11 默认参数的 SUM 函数

图 1-8-12 操作结果

5．条件格式

利用突出显示单元格的方法，将"实发工资"列中"800"以上的数据用加粗、红色字体显示，"500"以下的数据用加粗倾斜、蓝色字体显示。操作如下：

① 选定要设置条件格式的单元格区域 I2:I16，在"开始"选项卡的"样式"组中单击"条件格式"按钮，在下拉菜单中选择"突出显示单元格规则"→"大于"命令，弹出"大于"对话框。

② 在文本框中输入"800"，在"设置为"下拉列表框中选择"自定义格式"选项，如图 1-8-13 所示，弹出"设置单元格格式"对话框。

③ 在"字体"选项卡的"字形"框中选择"加粗"，在"颜色"框中选择"红色"，单击"确定"按钮，关闭"设置单元格格式"对话框。

④ 返回到"大于"对话框，单击"确定"按钮，完成第一条规则的单元格格式的设置。

⑤ 同样操作，完成第二条规则的单元格格式的设置。

条件格式完成后的操作结果如图 1-8-14 所示。

图 1-8-13 "大于"对话框　　　　图 1-8-14 设置"条件格式"的结果

6. 设置单元格格式

（1）在第 1 行之前插入一行，输入表标题"职工工资表"，将 A1~I1 单元格合并居中；将表标题设置为楷体、14 磅、加粗、黄色字体，单元格填充颜色为浅蓝色。操作如下：

① 选定第 1 行的任一单元格，在"开始"选项卡的"单元格"组中单击"插入"按钮下方的按钮，在下拉列表中选择"插入工作表行"，插入一新的空白行。或者在选定的单元格上单击右键，在弹出的快捷菜单中选择"插入"，打开"插入"对话框，从中选中"整行"单选按钮，如图 1-8-15 所示，单击"确定"按钮，即可插入一新的空白行。

② 在 A1 单元格中输入"职工工资表"，选定单元格区域 A1:I1；在"开始"选项卡的"对齐方式"组中单击"合并后居中"按钮。

③ 在"开始"选项卡的"字体"组中设置"楷体"，在"字号"中设为 14 磅，用"加粗"按钮对字体加粗，用"字体颜色"按钮设置黄色，用"填充颜色"按钮设置浅蓝色背景。结果如图 1-8-16 所示。

图 1-8-15 "插入"对话框　　　　图 1-8-16 设置"表标题"格式的结果

（2）将列标题设置为宋体、黑色、加粗字体，单元格填充颜色为白色、背景1、深色35％。操作方法同上，略。

（3）将"职工工资表"的外边框设置为深蓝色的粗实线，内部表格线设置为深蓝色的细实线。操作如下：

① 选定单元格区域A1:I19，在"开始"选项卡的"字体"组中单击"边框"按钮右侧的按钮，在下拉菜单中选择"其他边框"，弹出"设置单元格格式"对话框，如图1-8-17所示；或者单击右键，在弹出的快捷菜单中选择"设置单元格格式"。

② 选择"边框"选项卡，在"样式"下拉框中选择粗实线，在"颜色"下拉框中选择深蓝色，再在"预置"中选择"外边框"。

③ 在"样式"下拉框中选择细实线，在"颜色"下拉框中选择深蓝色，在"预置"中选择"内部"。

④ 单击"确定"按钮，完成设置。结果如图1-8-18所示。

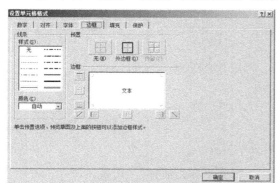

图1-8-17 "设置单元格格式"对话框   图1-8-18 完成边框设置的结果

7. 工作表保护

（1）将"职工工资表"工作表中的数据复制到工作表Sheet2中，并将Sheet2重命名为"实验8"，设置标签颜色为红色。操作如下：

① 选定单元格区域A1:I19，按Ctrl+C组合键，然后打开工作表Sheet2，再按Ctrl+V组合键，完成数据的复制。

② 右击工作表Sheet2的标签，在弹出的快捷菜单中选择"重命名"，将工作表重命名为"实验8"；在"工作表标签颜色"选项中选择"红色"。

（2）将"职工工资表"工作表中的"实发工资"列的数据锁定，并将工作簿文件以文件名"实验8（结果）.xlsx"另存到"D:\电子表格"文件夹下。操作如下：

① 选定所有单元格，在"开始"选项卡的"单元格"组中单击"格式"按钮，在下拉菜单中选择"设置单元格格式"，打开"设置单元格格式"对话框；选择"保护"选项卡，取消"锁定"复选框的选择，单击"确定"按钮。

② 选定单元格区域I3:I17，重新打开"设置单元格格式"对话框中的"保护"选项卡，然后勾选"锁定"复选框。

③ 在"格式"按钮的下拉菜单中选择"保护工作表"，弹出"保护工作表"对话框，如图1-8-19所示；从中输入要取消保护时的

图1-8-19 保护工作表

密码,其他保持默认,单击"确定"按钮,在弹出的对话框中再重新输入密码,即可完成操作。

(4)选择"文件"选项卡,在弹出的下拉菜单中选择"另存为"选项,弹出"另存为"对话框,在"保存位置"列表框中选择保存目录,在"文件名"文本框中输入"实验8(结果)",然后单击"保存"按钮。

操作练习

(1)创建一个新的工作簿文件,以"求职简历"为文件名保存到"D:\电子表格"文件夹下。在工作表Sheet1中按图1-8-20所示的数据输入求职简历的相关内容,并完成以下题目。

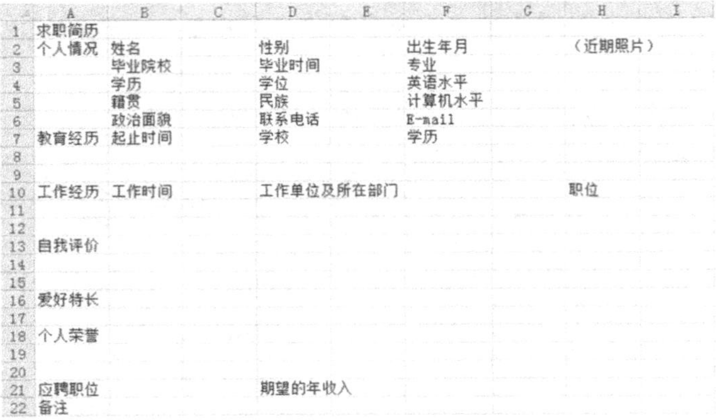

图1-8-20 "求职简历"相关内容

❶ 将单元格区域A1:I1合并居中,行高设置为"25",字体为黑体、18磅。

❷ 表格中其他部分的行高设置为"15",字体为宋体、12磅。

❸ 分别将单元格区域A2:A6和H2:I6合并居中;将第6行以下其他对应的单元格区域合并,设置单元格内数据自动换行显示。

❹ 分别将H列和I列的列宽设置为"4.25"。

❺ 将表格中除标题外的其他部分数据区域的外边框设置为黑色的粗边框,内部表格线设置为黑色的细实线,操作结果如图1-8-21所示。

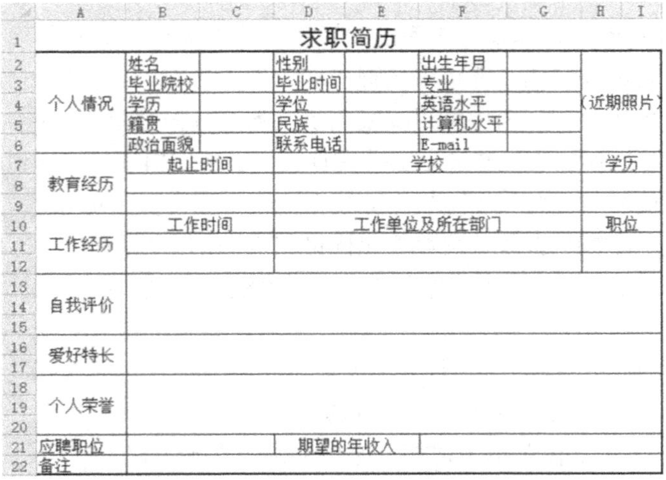

图1-8-21 "求职简历"效果

（2）创建一个新的工作簿文件，以“美化数据统计表”为文件名保存到“D:\电子表格”文件夹下。在工作表 Sheet1 中，输入如图 1-8-22 所示的数据，并完成以下题目。

	A	B	C	D	E	F	G
1	比赛日期	对阵球队	得分	总篮板	投篮	投中	投篮命中率
2	2012/11/3	国王	14	10	8	6	
3	2012/11/6	黄蜂	24	14	20	10	
4	2012/11/9	魔术	17	4	15	6	
5	2012/11/11	热队	20	14	22	8	
6	2012/11/13	网队	18	2	7	5	
7	2021/11/14	凯尔特人	22	10	16	10	

图 1-8-22　数据统计表

❶ 在第 1 行前插入一行，在 A1 单元格中输入表题“某篮球队员 2012 年末数据统计表”。

❷ 将 A1～G1 单元格区域合并居中，并将表标题设置为黑体、16 磅、加粗。

❸ 将 A2:G8 单元格区域中的数据字体设置为 12 磅，“水平居中”和“垂直居中”显示。

❹ 将比赛日期的数据格式设置为“2001 年 3 月 14 日”的格式。

❺ 设置 B 列数据为“文本”格式。

❻ 计算投篮命中率，将结果设置为百分比，并保留 1 位小数。

❼ 每列调整为合适的列宽。

❽ 选定 A2:G8 单元格区域，套用“套用表格格式”中“中等深浅”的一种，美化结果如图 1-8-23 所示。

	A	B	C	D	E	F	G
1	某篮球队员2012年末数据统计表						
2	比赛日期	对阵球队	得分	总篮板	投篮	投中	投篮命中率
3	2012年11月3日	国王	14	10	8	6	75.0%
4	2012年11月6日	黄蜂	24	14	20	10	50.0%
5	2012年11月9日	魔术	17	4	15	6	40.0%
6	2012年11月11日	热队	20	14	22	8	36.4%
7	2012年11月13日	网队	18	2	7	5	71.4%
8	2021年11月14日	凯尔特人	22	10	16	10	62.5%

图 1-8-23　美化数据统计表

实验 9

Excel 2010 高级操作

实验目的

❶ 掌握公式的输入和计算的方法。
❷ 熟练掌握常用函数的使用方法。
❸ 理解数据清单的概念及创建方法。
❹ 熟练掌握数据的排序操作。
❺ 熟练掌握数据的分类汇总操作。
❻ 熟练掌握数据的高级筛选操作。
❼ 掌握数据透视表和数据透视图的创建方法。

实验内容

创建一个新的工作簿文件,以"实验 9.xlsx"为文件名保存到"D:\电子表格"文件夹下;按图 1-9-1 所示的数据建立工作表 Sheet1,并完成如下操作。

图 1-9-1 初始数据

1. 常用函数

(1) 使用 IF 函数,对工作表 Sheet1 中的停车单价进行自动填充。

要求:根据工作表 Sheet1 中"停车价目表"的价格,使用 IF 函数,根据不同的车型,对"停车情况记录表"中的"单价"列进行自动填充。

（2）使用公式，计算应付金额，结果保留整数。其中，应付金额=单价*停车时间。

（3）使用 SUMIF 函数，求出"汇总表"内各类车型的"应付金额总和"，并填入相应的单元格区域内。

（4）使用 RANK 函数，求出"汇总表"中各类车型的"排名"，并填入相应的单元格区域内。

（5）使用统计函数，对工作表 Sheet1 中的"停车情况记录表"统计出应付金额大于等于50 元的停车记录条数，并填入 K13 单元格中。

（6）统计最高的应付金额，并填入 K14 单元格中。

2. 排序

将工作表 Sheet1 中的数据复制到工作表 Sheet2 中，并按应付金额升序排序，应付金额相同时，按单价升序排序。

3. 分类汇总

将工作表 Sheet1 中的数据复制到工作表 Sheet3 中，并按车型分类，分别对小轿车、中客车和大客车的应付金额进行汇总和求平均值，结果显示在数据下方。

4. 筛选

（1）用自定义筛选功能，将工作表 Sheet1 中应付金额大于等于 80 或小于 40 的记录复制到工作表 Sheet4 中；再将工作表 Sheet1 中的记录全部显示。

（2）对工作表 Sheet1 中的"停车情况记录表"进行高级筛选，要求：❶ 筛选条件为"车型"=大客车或"应付金额"<=30；❷ 结果保存在工作表 Sheet1 中的 A18 单元格开始的区域。

5. 数据透视表和数据透视图

（1）根据工作表 Sheet1 中的"停车情况记录表"，创建一个显示各种车型所收费用的汇总数据透视表，要求：❶ 行区域设置为"车型"；❷ 数据区域设置为"应付金额"，汇总方式为求和；❸ 将对应的数据透视表保存在新的工作表中。

（2）根据工作表 Sheet1 中的"停车情况记录表"，创建一个显示各种车型所收费用的汇总数据透视图 Chart1，要求：❶ X 轴字段设置为"车型"；❷ 数据区域设置为"应付金额"，汇总方式为求和；❸ 将对应的数据透视图 Chart1 保存在当前工作表 Sheet1 中的 M1 单元格开始的区域。

实验操作

1. 常用函数

（1）使用 IF 函数，对工作表 Sheet1 中的停车单价进行自动填充。要求：根据工作表 Sheet1 中"停车价目表"的价格，使用 IF 函数对"停车情况记录表"中的"单价"列根据不同的车型进行自动填充。操作如下：

① 选定 C3 单元格，在"公式"选项卡的"数据库"组中单击"插入函数"按钮 f_x，或者单击编辑栏的"插入函数"按钮 f_x，弹出"插入函数"对话框。

② 在"或选择类别"列表中选择"逻辑"，在"选择函数"列表中选择"IF"选项，列表框的下方会出现关于该函数功能的简单提示，如图 1-9-2 所示。

图 1-9-2 "插入函数"对话框

③ 单击"确定"按钮,弹出"函数参数"对话框;在"Logical_test"文本框中输入"B3=$G$2",在"Value_if_true"文本框中输入"8",如图 1-9-3 所示;在"Value_if_false"文本框中单击编辑栏左侧的"IF"函数,在打开的对话框中进行参数设置(如图 1-9-4 所示)。

图 1-9-3 IF 函数参数设置-1

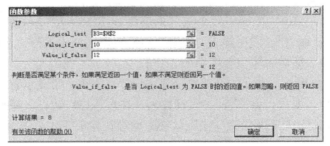

图 1-9-4 IF 函数参数设置-2

④ 单击"确定"按钮,完成 C3 单元格的计算。

⑤ 拖动 C3 单元格的填充柄,利用快速填充功能,完成其他单元格数据的计算。

(2)使用公式,计算应付金额,结果保留整数。其中,应付金额=单价*停车时间。操作如下:选定 E3 单元格,在单元格或者编辑栏中输入"=C3*D3",按 Enter 键,并利用快速填充功能,完成其他单元格数据的计算。

(3)使用 SUMIF 函数,求出"汇总表"中各类车型的"应付金额总和",并填入相应的单元格区域种。操作如下:

① 选定 H8 单元格,同上操作,弹出"插入函数"对话框(见图 1-9-2)。

② 在"或选择类别"列表框中选择"数学和三角函数",在"选择函数"列表框中选择"SUMIF"选项,列表框的下方会出现关于该函数功能的简单提示,如图 1-9-5 所示。

③ 单击"确定"按钮，弹出"函数参数"对话框，在"Range"文本框中选定单元格区域 B3:B16，在行号前分别加"$"；在"Criteria"文本框中单击 G8 单元格；在"Sum-range"文本框中选定单元格区域 E3:E16，在行号前分别加"$"，如图 1-9-6 所示。

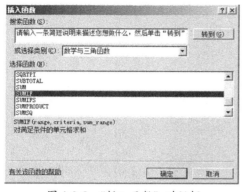

图 1-9-5 "插入函数"对话框

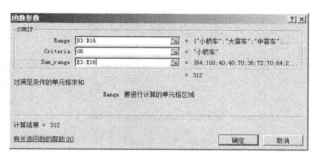

图 1-9-6 SUMIF 函数参数设置

④ 单击"确定"按钮，将 H8 单元格的数据求出，利用快速填充功能，完成其他单元格数据的计算。

（4）使用 RANK 函数，求出"汇总表"中各类车型的"排名"，并填入相应的单元格内。操作如下：

① 选定 I8 单元格，在"公式"选项卡的"数据库"组中单击"插入函数"按钮，或者单击编辑栏的"插入函数"按钮，弹出"插入函数"对话框。

② 在"或选择类别"列表中选择"全部"，在"选择函数"列表中选择"RANK"，列表下方会出现关于该函功能的简单提示，如图 1-9-7 所示。

③ 单击"确定"按钮，弹出"函数参数"对话框，在"Number"文本框中选择 I8 单元格；在"Ref"文本框中选定单元格区域 H8:H10，在行号前分别加"$"；Order 参数可以省略，如图 1-9-8 所示。

图 1-9-7 "插入函数"对话框

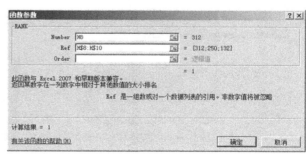

图 1-9-8 RANK 函数参数设置

④ 单击"确定"按钮，将 I8 单元格的数据求出，利用快速填充功能，完成其他单元格数据的计算。

（5）使用统计函数，对工作表 Sheet1 中的"停车情况记录表"统计出应付金额大于等于 50 元的停车记录条数，并填入 K13 单元格中。操作如下：

① 选定 K13 单元格，在"公式"选项卡的"数据库"组中单击"插入函数"按钮，或者

单击编辑栏的"插入函数"按钮,弹出"插入函数"对话框。

② 在"或选择类别"列表中选择"统计",在"选择函数"列表中选择"COUNTIF"选项,列表下方会出现关于该函功能的简单提示,如图1-9-9所示。

③ 单击"确定"按钮,弹出"函数参数"对话框,在"Range"文本框中选定单元格区域E3:E16,在"Criteria"文本框中输入"">=50"",如图1-9-10所示。

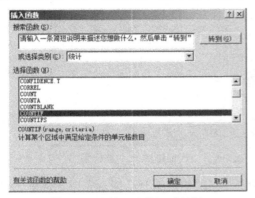
图1-9-9 "插入函数"对话框

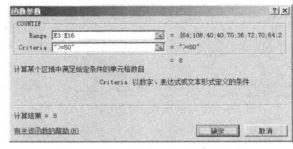
图1-9-10 COUNTIF函数参数设置

④ 单击"确定"按钮,即可将K13单元格的数据求出。

(6) 统计最高的应付金额,并填入K14单元格中。操作如下:

① 选定K14单元格,在"公式"选项卡的"数据库"组中单击"插入函数"按钮,或者单击编辑栏的"插入函数"按钮,弹出"插入函数"对话框。

② 在"或选择类别"列表中选择"统计",在"选择函数"列表中选择"MAX",列表下方会出现关于该函数功能的简单提示,如图1-9-11所示。

③ 单击"确定"按钮,弹出"函数参数"对话框,在"Number1"文本框中选定单元格区域E3:E26,如图1-9-12所示。

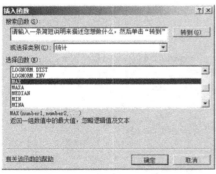
图1-9-11 "插入函数"对话框

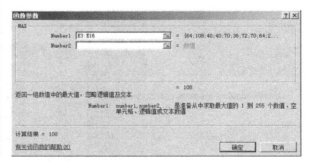
图1-9-12 MAX函数参数设置

④ 单击"确定"按钮,即可将K14单元格的数据求出。

2. 排序

将工作表Sheet1中的数据复制到工作表Sheet2中,并按应付金额升序排序,应付金额相同时,按单价升序排序。操作如下:

① 数据复制的操作省略。

② 选定数据清单区域中的任一单元格,在"数据"选项卡的"排序和筛选"组中单击"排

序"按钮，弹出"排序"对话框；或者右击数据清单区域中的任一单元格，在弹出的快捷菜单中选择"排序"→"自定义排序"选项，弹出"排序"对话框，如图 1-9-13 所示。

③ 在"排序"对话框中单击"添加条件"按钮，可以增加条件；在"主要关键字"、"排序依据"和"次序"下拉列表中按照题目要求分别进行设置。

④ 全部设置完成，如图 1-9-14 所示，单击"确定"按钮，完成排序操作。

图 1-9-13 "排序"对话框　　　　图 1-9-14 完成设置的"排序"对话框

3．分类汇总

将工作表 Sheet1 中的数据复制到工作表 Sheet3 中，并按车型分类，分别对小轿车、中客车和大客车的应付金额进行汇总和求平均，结果显示在数据下方。操作如下：

① 数据复制的操作省略。

② 选定数据清单区域中的任一单元格，在"数据"选项卡的"排序和筛选"组中单击"排序"按钮，弹出"排序"对话框，按"车型"进行排序（升序或者降序），使相同车型的数据集中在一起，如图 1-9-15 所示。

③ 在"数据"选项卡的"分级显示"组中单击"分类汇总"按钮，弹出"分类汇总"对话框。

④ 在"分类字段"下拉列表中选择分类字段"车型"，在"汇总方式"下拉列表中选择"求和"，在"选定汇总项"列表中勾选"应付金额"复选框，设置如图 1-9-16 所示。

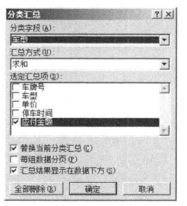

图 1-9-15 排序结果　　　　图 1-9-16 "分类汇总"对话框

⑤ 单击"确定"按钮，按"求和"汇总方式，结果如图 1-9-17 所示。

⑥ 单击"分类汇总"按钮，弹出"分类汇总"对话框；在"汇总方式"下拉列表中选择"平均值"选项；取消"替换当前分类汇总"的勾选，单击"确定"按钮，结果如图 1-9-18 所示。

停车情况记录表				
车牌号	车型	单价	停车时间	应付金额
沪A32581	大客车	12	9	108
沪A54844	大客车	12	3	36
沪A33547	大客车	12	2	24
沪A45742	大客车	12	6	72
	大客车 汇总			240
沪A12345	小轿车	8	8	64
沪A66871	小轿车	8	5	40
沪A56894	小轿车	8	9	72
沪A68721	小轿车	8	8	64
沪A52485	小轿车	8	9	72
	小轿车 汇总			312
沪A21584	中客车	10	4	40
沪A51271	中客车	10	7	70
沪A33221	中客车	10	7	70
沪A87412	中客车	10	3	30
沪A21588	中客车	10	4	40
	中客车 汇总			250
	总计			802

图 1-9-17 求和汇总结果

停车情况记录表				
车牌号	车型	单价	停车时间	应付金额
沪A32581	大客车	12	9	108
沪A54844	大客车	12	3	36
沪A33547	大客车	12	2	24
沪A45742	大客车	12	6	72
	大客车 平均值			60
	大客车 汇总			240
沪A12345	小轿车	8	8	64
沪A66871	小轿车	8	5	40
沪A56894	小轿车	8	9	72
沪A68721	小轿车	8	8	64
沪A52485	小轿车	8	9	72
	小轿车 平均值			62.4
	小轿车 汇总			312
沪A21584	中客车	10	4	40
沪A51271	中客车	10	7	70
沪A33221	中客车	10	7	70
沪A87412	中客车	10	3	30
沪A21588	中客车	10	4	40
	中客车 平均值			50
	中客车 汇总			250
	总计平均值			57.28571
	总计			802

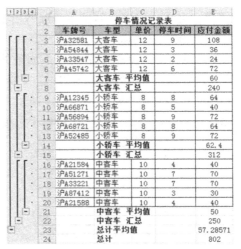

图 1-9-18 最终汇总结果

4. 筛选

（1）用自定义筛选功能，将工作表 Sheet1 中应付金额大于等于 80 或小于 40 的记录复制到工作表 Sheet4 中，再将工作表 Sheet1 中的记录全部显示。操作如下：

① 在工作表 Sheet1 中，选定数据清单区域中的任一单元格。

② 在“数据”选项卡的“排序和筛选”组中单击“筛选”按钮，进入“自动筛选”状态，此时在标题行每列的右侧出现一个下拉箭头。单击“应付金额”列右侧的下拉箭头，在弹出的下拉列表中选择“数字筛选”→“介于”选项。

③ 弹出“自定义自动筛选方式”对话框，在“应付金额”区域中选择“大于或等于”，在右侧的文本框中输入“80”；单击“或”单选按钮，在“小于”选项右侧的文本框中输入“40”，如图 1-9-19 所示。

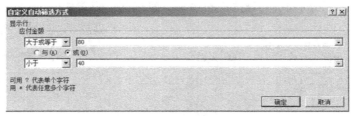

图 1-9-19 “自定义自动筛选方式”对话框

④ 单击“确定”按钮，筛选结果如图 1-9-20 所示。

⑤ 选定筛选结果，将其复制到工作表 Sheet4 中。

⑥ 在“数据”选项卡的“排序和筛选”组中单击“筛选”按钮，显示全部记录，取消每列的下拉箭头。

（2）对工作表 Sheet1 中的“停车情况记录表”进行高级筛选，要求：❶ 筛选条件为"车型"=大客车或"应付金额"<=30；❷ 结果保存在工作表 Sheet1 中的 A18 单元格开始的区域。操作如下：

① 将涉及的字段名“车型”和“应付金额”复制到数据清单右下方的空白处，然后把不同字段隔行输入条件，如图 1-9-21 所示。

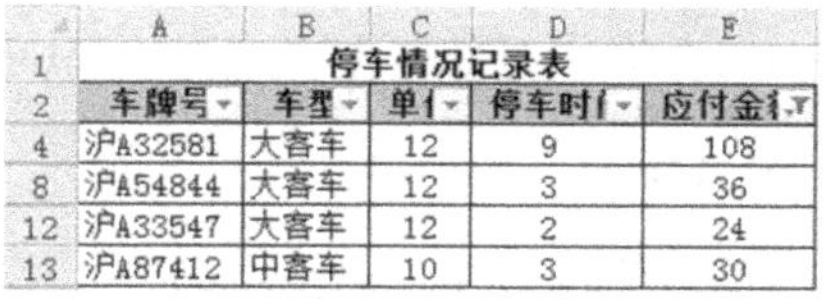

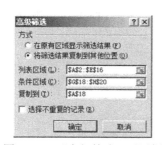

	A	B	C	D	E
1	停车情况记录表				
2	车牌号	车型	单价	停车时间	应付金额
4	沪A32581	大客车	12	9	108
8	沪A54844	大客车	12	3	36
12	沪A33547	大客车	12	2	24
13	沪A87412	中客车	10	3	30

图 1-9-20　筛选结果

	A	B	C	D	E
1	停车情况记录表				
2	车牌号	车型	单价	停车时间	应付金额
3	沪A12345	小轿车	8	8	64
4	沪A32581	大客车	12	9	108
5	沪A21584	中客车	10	4	40
6	沪A66871	小轿车	8	5	40
7	沪A51271	中客车	10	7	70
8	沪A54844	大客车	12	3	36
9	沪A56894	小轿车	8	9	72
10	沪A33221	中客车	10	7	70
11	沪A68721	小轿车	8	8	64
12	沪A33547	大客车	12	2	24
13	沪A87412	中客车	10	3	30
14	沪A52485	小轿车	8	9	72
15	沪A45742	大客车	12	6	72
16	沪A21588	中客车	10	4	40

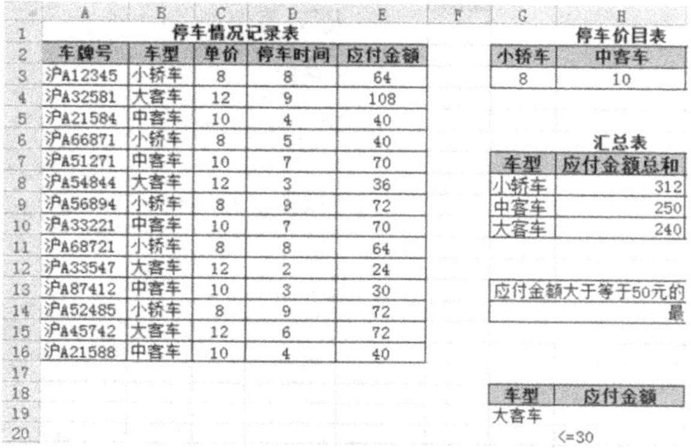

图 1-9-21　条件区域的设置

② 选定数据清单区域中的任一单元格，在“数据”选项卡的“排序和筛选”组中单击“高级”按钮，弹出“高级筛选”对话框。

③ 选中“将筛选结果复制到其他位置”单选按钮，在“列表区域”编辑框中会显示系统自动识别出的数据清单区域。若区域有问题，可单击该编辑框右侧的区域选择按钮，重新设置“列表区域”。

④ 单击“条件区域”编辑框右侧的区域选择按钮，设置“条件区域”。

⑤ 定位到“复制到”编辑框中，单击 A18 单元格，弹出“高级筛选”对话框，设置如图 1-9-22 所示。

⑥ 单击“确定”按钮，即可筛选出符合条件的记录，如图 1-9-23 所示。

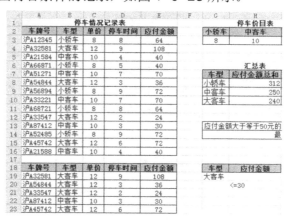

图 1-9-22　“高级筛选”对话框

	A	B	C	D	E
1	停车情况记录表				
2	车牌号	车型	单价	停车时间	应付金额
3	沪A12345	小轿车	8	8	64
4	沪A32581	大客车	12	9	108
5	沪A21584	中客车	10	4	40
6	沪A66871	小轿车	8	5	40
7	沪A51271	中客车	10	7	70
8	沪A54844	大客车	12	3	36
9	沪A56894	小轿车	8	9	72
10	沪A33221	中客车	10	7	70
11	沪A68721	小轿车	8	8	64
12	沪A33547	大客车	12	2	24
13	沪A87412	中客车	10	3	30
14	沪A52485	小轿车	8	9	72
15	沪A45742	大客车	12	6	72
16	沪A21588	中客车	10	4	40
17					
18	车牌号	车型	单价	停车时间	应付金额
19	沪A32581	大客车	12	9	108
20	沪A54844	大客车	12	3	36
21	沪A33547	大客车	12	2	24
22	沪A87412	中客车	10	3	30
23	沪A45742	大客车	12	6	72

图 1-9-23　高级筛选结果

5. 数据透视表和数据透视图

根据工作表 Sheet1 中的“停车情况记录表”，创建一个显示各种车型所收费用的汇总数据透视表，要求：❶ 行区域设置为“车型”；❷ 数据区域设置为“应付金额”，汇总方式为求和；❸ 将对应的数据透视表保存在新的工作表中。操作如下：

① 选定数据清单区域中的任一单元格，在“插入”选项卡的“表格”组中单击按钮，打开“创建数据透视表”对话框，如图 1-9-24 所示。

② 在“表/区域”编辑框中会显示系统自动识别出的数据清单区域，若区域有问题，可单击该编辑框右侧的区域选择按钮，重新设置“表/区域”。

图 1-9-24 "创建数据透视表"对话框

③ 在"选择放置数据透视表的位置"中选中"新工作表"单选按钮,单击"确定"按钮,弹出数据透视表的编辑界面,如图 1-9-25 所示。

图 1-9-25 数据透视表的编辑界面

④ 工作表中出现了一个空白的数据透视表,在其右侧出现的是"数据透视表字段列表"。此外,在功能栏中出现了"数据透视表工具"/"选项"选项卡和"设计"选项卡。

⑤ 将"车型"字段拖曳到"行标签"框中,将"应付金额"字段拖曳到"数值"框中,添加好数据透视表的效果如图 1-9-26 所示。

图 1-9-26 数据透视表的效果

(2)根据工作表 Sheet1 中的"停车情况记录表",创建一个显示各种车型所收费用的汇总数据透视图 Chart1,要求:❶ X 轴字段设置为"车型";❷ 数据区域设置为"应付金额",汇总方式为求和;❸ 将对应的数据透视图 Chart1 保存在当前工作表 Sheet1 中的 M1 单元格开始的区域。操作如下:

① 选定数据清单区域中的任一单元格。

② 在"插入"选项卡的"表格"组中单击"数据透视表"按钮，在下拉菜单中选择"数据透视图"，打开"创建数据透视表及数据透视图"对话框。

③ "表/区域"编辑框中会显示系统自动识别出的数据清单区域，若区域有问题，可单击该编辑框右侧的区域选择按钮，重新设置"表/区域"。

④ 在"选择放置数据透视表及数据透视图的位置"中选中"现有工作表"单选按钮，在"位置"文本框内选定 M1 单元格，如图 1-9-27 所示。单击"确定"按钮，弹出数据透视表及数据透视图的编辑界面，如图 1-9-28 所示。

图 1-9-27 "创建数据透视表及数据透视图"对话框

图 1-9-28 数据透视表及数据透视图的编辑界面

⑤ 工作表中出现了数据透视表和数据透视图，在其右侧出现的是"数据透视表字段列表"。此外，在功能栏中出现了"数据透视表工具"/"选项"选项卡和"设计"选项卡。

⑥ 将"车型"字段拖曳到"轴字段"框中，将"应付金额"字段拖曳到"数值"框中，添加好数据透视图的效果如图 1-9-29 所示，同时生成对应的数据透视表。

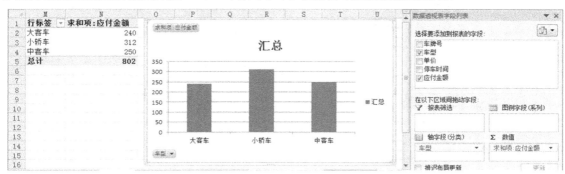

图 1-9-29 数据透视图的效果

操作练习

创建一个新的工作簿文件,按图1-9-30所示的数据建立工作表Sheet1,并完成以下(1)~(8)题的操作。

	A	B	C	D	E	F	G	H	I	J	K	L	M	N	O
1	员工姓名	员工工号	升级员工工号	性别	出生年月	年龄	参加工作时间	工龄	基本工资	职称	岗位级别	是否评选高级工程师		统计条件	统计结果
2	蔡超	PC726		男	1968年9月		1993年9月		600	助工	5级			男性员工的人数:	
3	曹丽娟	PC312		女	1983年10月		2005年5月		850	技术员	1级			高级工程师的人数:	
4	柴安华	PC331		男	1979年1月		1998年8月		1250	工程师	6级			工龄大于等于20年的人数:	
5	陈莉	PC923		女	1976年7月		1996年8月		500	助工	4级			女性员工的基本工资总和:	
6	张涛	PC401		男	1949年10月		1968年10月		680	技师	5级				
7	王小红	PC302		女	1961年7月		1985年7月		1900	高级工程师	8级				
8	陈昌	PC129		男	1964年11月		1988年11月		500	助工	5级				

图1-9-30 初始数据

(1) 使用REPLACE函数,对工作表Sheet1中的"员工工号"进行升级,将结果填入表中的"升级员工工号"列。升级要求:在PC后面加上0。

(2) 对工作表Sheet1中职称为"高级工程师"的蓝色加粗显示。

(3) 使用日期与时间函数,对工作表Sheet1中员工的"年龄"和"工龄"进行计算,并将结果填入到表中的"年龄"列和"工龄"列中。

(4) 使用统计函数,对工作表Sheet1中的数据,根据以下统计条件进行如下统计:

❶ 统计男性员工的人数,结果填入O3单元格中。
❷ 统计高级工程师的人数,结果填入O4单元格中。
❸ 统计工龄大于等于20的人数,结果填入O5单元格中。
❹ 统计女性员工的基本工资总和,结果填入O6单元格中。

(5) 使用逻辑函数,判断员工是否有资格评"高级工程师"。评选条件为:工龄大于等于15,且职称为"工程师"的员工。

(6) 对职称为"助工"的员工基本工资增加30%。提示:可采取选择性粘贴方法。

(7) 对工作表Sheet1进行高级筛选,要求:❶ 筛选条件为:"性别"=男 且 "年龄">50 且 "工龄">=20 或 "职称"=高级工程师;❷ 将结果保存在Sheet1中A10单元格开始的区域。

(8) 根据工作表Sheet1中的数据,创建一张显示各职称人数的数据透视图Chart1,要求:❶ X轴字段设置为"职称";❷ 计数项为职称;❸ 将对应数据透视图保存在工作表Sheet2中。

(9) 在工作表中输入如图1-9-31所示的数据,计算服装的促销天数,填入对应的单元格内。提示:使用DATE函数。

(10) 在工作表中输入如图1-9-32所示的停车时间表的数据,计算停车的小时数。提示:使用HOUR函数。

	A	B	C	D	E	F	G
1		服装促销天数					
2	服装名称	开始时间			结束时间		促销天数
3		年	月	日	月	日	
4	服装1	2012	7	15	10	5	
5	服装2	2012	8	2	9	16	
6	服装3	2012	10	1	11	10	

图1-9-31 服装促销天数

	A	B	C	D
1		停车时间表		
2	车牌号	停车开始时间	停车结束时间	停车小时数
3	浙A37622	8:40	10:30	
4	浙B34245	10:50	15:20	
5	浙A86336	9:20	13:25	

图1-9-32 停车时间表

(11) 在工作表中输入如图1-9-33所示的数据,根据时、分和秒的数值,计算开始时间。

	A	B	C	D
1	时	分	秒	开始时间
2	8	0	0	
3	9	10	15	
4	11	20	25	
5	13	55	14	
6	23	45	56	

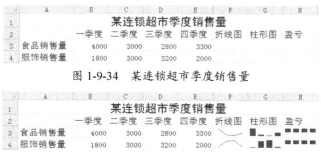

图 1-9-33　计算开始时间

（12）在工作表中输入如图 1-9-34 所示某连锁超市季度销售量的数据，根据左侧的数据在相应的单元格内创建迷你折线图、柱状图和盈亏图，结果如图 1-9-35 所示。

	A	B	C	D	E	F	G	H
1	某连锁超市季度销售量							
2		一季度	二季度	三季度	四季度	折线图	柱形图	盈亏
3	食品销售量	4000	3000	2800	3300			
4	服饰销售量	1800	3000	3200	2000			

图 1-9-34　某连锁超市季度销售量

	A	B	C	D	E	F	G	H
1	某连锁超市季度销售量							
2		一季度	二季度	三季度	四季度	折线图	柱形图	盈亏
3	食品销售量	4000	3000	2800	3300			
4	服饰销售量	1800	3000	3200	2000			

图 1-9-35　迷你图的创建

实验 10

Excel 2010 综合应用

实验目的

❶ 熟练掌握函数参数的输入技巧。
❷ 进一步提高统计函数的应用水平。
❸ 掌握一个公式中涉及多个函数的使用方法。
❹ 在数据填充过程中,进一步掌握绝对引用的使用方法。
❺ 通过 Excel 2010 综合应用实验,进一步提高解决实际问题的能力。

实验内容

创建一个新的工作簿文件,以"实验 10.xlsx"为文件名保存到"D:\电子表格"文件夹下;按图 1-10-1 所示的数据建立工作表 Sheet1,其中"身份证号码"和"电话号码"为字符型,并完成以下操作。

	A	B	C	D	E	F	G	H	I	J	K	L	M
1						学生成绩表							
2	学号	姓名	性别	专业	身份证号码	电话号码	高数	英语	C语言	总分	奖学金	总分排名是否在前3名	升级后的电话
3	201178990901	金建超	男	信管	372526199206154485	0635-3230611	67	93	98				
4	201178990902	扬萍	女	经济	372526199402215412	0635-3230613	76	63	95				
5	201178990903	张佳佳	女	英语	372526199303301836	0635-3230614	80	99	98				
6	201178990904	俞伟	男	计算机	372526199308032859	0635-3230615	83	64	97				
7	201178990905	王超	男	信管	372526199405128755	0635-3230616	83	78	97				
8	201178990906	倪艳	女	英语	372526199411045896	0635-3230617	85	71	90				
9	201178990907	洪莉	女	经济	372526199310032235	0635-3230620	92	64	93				
10	201178990908	艾辰	男	信管	372526199303312584	0635-3230621	93	72	97				
11	201178990909	王杰	男	经济	372526199311252148	0635-3230623	96	73	86				
12	201178990910	洪颖	女	计算机	372526199309162356	0635-3230624	97	87	94				
13						信管专业总分:							
14						大于85分的人数							
15						女生平均分:							

图 1-10-1 初始数据

(1) 基本操作

在"身份证号码"列前插入一列,列标题为"班级";在"身份证号码"后插入两列,列标题分别为"出生日期"和"年龄",并调整为合适的列宽。

(2) 常用函数

❶ 使用 MID 函数,利用"学号"列的数据,计算并填充"班级"列的数据。其中:"班级"由"专业+学号第 10 位+班"组成,如"信管 3 班"。使用 MID 函数和日期函数,根据"身份证号码",计算"出生日期",并将结果填充到"出生日期"列中。

❷ 使用日期函数，计算每个学生的"年龄"，并将结果填充到"年龄"列。

❸ 使用函数，计算每个同学的总分。

❹ 对 C 语言成绩大于等于 90 分的女同学或者英语成绩大于等于 90 分的男同学奖励 500，否则不奖励，使用逻辑函数计算并将结果填充到"奖学金"列。

❺ 使用函数，计算并填充 O 列中的数据。

❻ 使用 REPLACE 函数，对每个学生的电话号码进行升级，并将升级后的电话号码填充到 P 列中。升级过程为：在每个电话号码前面添加数字 8。

❼ 计算信管专业学生各门功课的总分，并填入相应的单元格区域中。

❽ 统计各门功课中大于 85 分的学生人数，并填入相应的单元格区域中。

❾ 计算女生各门功课的平均分，并填入相应的单元格区域中。

❿ 按图 1-10-2 所示的数据建立工作表 Sheet2，使用统计函数，统计英语成绩各分数段的学生人数，并将统计结果保在工作表 Sheet2 中的相应位置。

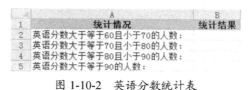

图 1-10-2 英语分数统计表

（3）分类汇总

将"学号"、"姓名"、"性别"、"高数"、"英语"和"C 语言"列的数据复制到工作表 Sheet3 中，按性别分类，分别对男、女同学各门成绩进行汇总和求平均值，并将结果显示在数据下方。

（4）高级筛选

对工作表 Sheet1 中的数据，筛选出 1994 年以后出生的学生记录，将筛选结果保存到工作表 Sheet1 中 A19 单元格开始的区域。

（5）数据透视表

将"学号"、"姓名"、"性别"、"专业"、"高数"、"英语"和"C 语言"和"总分"列的数据复制到新的工作表 Sheet4 中，创建一个显示对男、女同学的总分求平均值的数据透视表，要求：❶ 行区域设置为"性别"；❷ 数据区域设置为"总分"，汇总方式为求平均值；❸ 将对应的数据透视表保存在工作表 Sheet4 中 A13 单元格开始的单元格区域。

实验操作

1．基本操作

在"身份证号码"列前插入一列，列标题为"班级"；在"身份证号码"后插入两列，列标题分别为"出生日期"和"年龄"，并调整为合适的列宽。操作如下：

① 将鼠标放置在 E 列的列号上，单击右键，在弹出的快捷菜单中选择"插入"，即可插入一列，在 E2 单元格中输入"班级"。

② 将鼠标放置在 G 列的列号上，单击右键，在弹出的快捷菜单中选择"插入"，即可插入一列；在 G2 单元格中输入"出生日期"；按照同样的方法，完成"年龄"列的插入。

③ 将鼠标放置列号之间，当鼠标变为双向箭头时，双击鼠标，即可调整为合适的列宽。

2．常用函数

（1）使用 MID 函数，利用"学号"列的数据，计算并填充"班级"列的数据。其中："班级"由"专业+学号第 10 位+班"组成，如"信管 3 班"。操作如下：

① 选定 E3 单元格，在单元格或者编辑栏中输入"="。
② 选定 D3 单元格，然后输入"&"。
③ 在"公式"选项卡的"数据库"组中单击"插入函数"按钮 fx，或者单击编辑栏的"插入函数"按钮 fx，弹出"插入函数"对话框。
④ 在"或选择类别"列表中选择"文本"，在"选择函数"列表中选择"MID"，列表下方会出现关于该函功能的简单提示，如图 1-10-3 所示。
⑤ 单击"确定"按钮，弹出"函数参数"对话框，在"Text"文本框中选定 A3 单元格，在"Start_num"文本框中输入"10"，在"num_chars"文本框中输入"1"，如图 1-10-4 所示，单击"确定"按钮，关闭"函数参数"对话框。

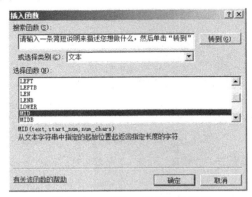
图 1-10-3 "插入函数"对话框

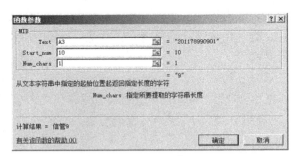
图 1-10-4 MID 函数参数"设置

⑥ 再输入"&"，然后输入""班""，按 Enter 键。或者在单元格或编辑栏中直接输入"=D3&MID(A3,10,1)&"班""，按 Enter 键，完成 E3 单元格的计算。
⑦ 拖动 E3 单元格的填充柄，利用快速填充功能，完成其他单元格数据的计算。

（2）使用 MID 函数和日期函数，根据"身份证号码"，计算"出生日期"，并将结果填充到"出生日期"列中。操作如下：

① 选定 G3 单元格，在"公式"选项卡的"数据库"组中单击"插入函数"按钮 fx，或者单击编辑栏的"插入函数"按钮 fx，弹出"插入函数"对话框。
② 在"或选择类别"列表中选择"日期与时间"，在"选择函数"列表中选择"DATE"，列表下方会出现关于该函功能的简单提示，如图 1-10-5 所示。单击"确定"按钮，弹出"函数参数"对话框。
③ 在"Year"文本框中输入"MID(F3,7,4)"，在"Month"文本框中输入"MID(F3,11,2)"，在"Day"文本框中输入"MID(F3,13,2)"，如图 1-10-6 所示，单击"确定"按钮。或者在单元格或编辑栏中输入"=DATE(MID(F3,7,4),MID(F3,11,2),MID(F3,13,2))"，按 Enter 键。
④ 右击 G3 单元格，在弹出的快捷菜单中选择"设置单元格格式"，打开"设置单元格格式"对话框；选择"数字"选项卡，在"分类"列表中选择"日期"，在"类型"列表中选择"2001/3/14"，单击"确定"按钮，完成 G3 单元格的计算和格式设置。
⑤ 拖动 G3 单元格的填充柄，利用快速填充功能，完成其他单元格数据的计算。

（3）使用日期函数，计算每个学生的"年龄"，并将结果填充到"年龄"列。操作如下：
① 选定 H3 单元格，同上操作打开"插入函数"对话框。

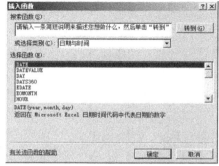
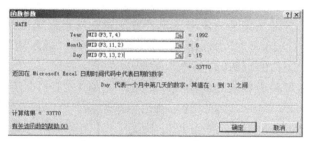

图 1-10-5 "插入函数"对话框　　　　　图 1-10-6　DATE 函数参数设置

② 在"或选择类别"列表中选择"日期与时间",在"选择函数"列表中选择"YEAR",列表下方会出现关于该函功能的简单提示,如图 1-10-7 所示。

③ 单击"确定"按钮,弹出"函数参数"对话框,在"Serial_number"文本框中输入"Today()",如图 1-10-8 所示,单击"确定"按钮。

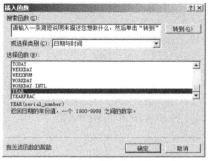

图 1-10-7 "插入函数"对话框　　　　　图 1-10-8　YEAR 函数参数设置

④ 在编辑栏中输入"-",再次打开 YEAR 函数的"函数参数"对话框,在"Serial_number"文本框中选择 G3 单元格,或者在单元格或编辑栏中输入"=YEAR(TODAY())-YEAR(G3)",按 Enter 键,完成 H3 单元格的计算。

⑤ 设置 H3 单元格的数据格式为数值型,保留整数。

⑥ 拖动 H3 单元格的填充柄,利用快速填充功能,完成其他单元格数据的计算。

(4) 使用函数,计算每个同学的总分。操作如下:

① 选定 M3 单元格,在"开始"选项卡的"编辑"组中单击"自动求和"按钮,求和函数 SUM() 出现在 M3 单元格中,默认参数 J3:L3 是正确的单元格区域,如图 1-10-9 所示,按 Enter 键,即可完成 M3 单元格的求和。

图 1-10-9　默认参数的 SUM 函数

② 拖动 M3 单元格的填充柄，利用快速填充功能，完成其他单元格数据的计算。

（5）对 C 语言成绩大于等于 90 分的女同学或者英语成绩大于等于 90 分的男同学奖励 500 元，否则不奖励，使用逻辑函数计算并将结果填充到"奖学金"列。操作如下：

① 选定 N3 单元格，同上操作，打开"插入函数"对话框。

② 在"或选择类别"列表中选择"逻辑"，在"选择函数"列表中选择"IF"，列表下方会出现关于该函功能的简单提示，如图 1-10-10 所示。

③ 单击"确定"按钮，弹出"函数参数"对话框，在"Logical_test"文本框中输入"C3="女""；在"Value_if_true"文本框中输入"IF(L3>=90,500,0)"；在"Value_if_false"文本框中输入"IF(K3>=90,500,0)"，如图 1-10-11 所示，单击"确定"按钮，完成 N3 单元格的计算。

④ 拖动 N3 单元格的填充柄，利用快速填充功能，完成其他单元格数据的计算。

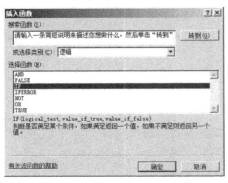

图 1-10-10　"插入函数"对话框　　　　图 1-10-11　IF 函数参数设置

（6）使用函数，计算并填充 O 列中的数据。操作如下：

① 选定 O3 单元格，打开"插入函数"对话框。

② 在"或选择类别"列表中选择"逻辑"，在"选择函数"列表中选择"IF"，列表下方会出现关于该函功能的简单提示。

③ 单击"确定"按钮，弹出"函数参数"对话框，在"Logical_test"文本框中输入"RANK(M3,M$3:M$12)<=3"；在"Value_if_true"文本框中输入""是""；在"Value_if_false"文本框中输入""否""，如图 1-10-12 所示，单击"确定"按钮，完成 O3 单元格的计算。

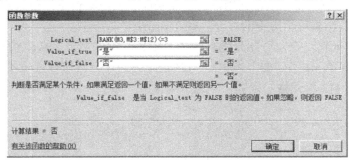

图 1-10-12　IF 函数参数设置

④ 拖动 O3 单元格的填充柄，利用快速填充功能，完成其他单元格数据的计算。

（7）使用 REPLACE 函数，对每个学生的电话号码进行升级，并将升级后的电话号码填充到 P 列中。升级过程为：在每个电话号码前面添加数字 8。操作如下：

① 选定 P3 单元格，打开"插入函数"对话框。

② 在"或选择类别"列表中选择"文本",在"选择函数"列表中选择"REPLACE",列表下方会出现关于该函功能的简单提示,如图1-10-13所示。

③ 单击"确定"按钮,弹出"函数参数"对话框,在"Old_text"文本框中选择 I3 单元格;在"start_num"文本框中输入"6";在"Num_chars"文本框中输入"0";在"new_text"文本框中输入"8",如图1-10-14所示,单击"确定"按钮,完成 P3 单元格的计算。

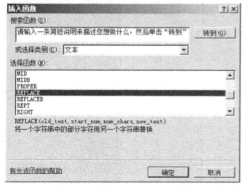

图 1-10-13 "插入函数"对话框　　　　　图 1-10-14 REPLACE 函数参数设置

④ 拖动 P3 单元格的填充柄,利用快速填充功能,完成其他单元格数据的计算。

(8) 计算信管专业学生各门功课的总分,并填入相应的单元格区域内。操作如下:

① 选定 J13 单元格,打开"插入函数"对话框。

② 在"或选择类别"列表中选择"数学与三角函数",在"选择函数"列表框中选择"SUMIF",列表下方会出现关于该函功能的简单提示,如图1-10-15所示。

③ 单击"确定"按钮,弹出"函数参数"对话框,在"Range"文本框中选定单元格区域 D3:D12,并且在列号前加"$";在"Criteria"文本框中输入"信管";在"Sum-range"文本框中选定单元格区域 J3:J12,如图1-10-16所示。

图 1-10-15 "插入函数"对话框　　　　　图 1-10-16 SUMIF 函数参数设置

④ 单击"确定"按钮,将 J13 单元格的数据求出,利用快速填充功能,完成其他单元格数据的计算。

(9) 统计各门功课中大于 85 分的学生人数,并填入相应的单元格区域内。操作如下:

① 选定 J14 单元格,打开"插入函数"对话框。

② 在"或选择类别"列表中选择"统计",在"选择函数"列表中选择"COUNTIF",列表下方会出现关于该函功能的简单提示,如图1-10-17所示。

③ 单击"确定"按钮,弹出"函数参数"对话框,在"Range"文本框中选定单元格区域 J3:J12,在"Criteria"文本框中输入">85",如图 1-10-18 所示。

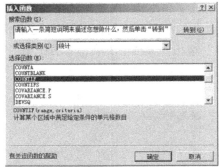

图 1-10-17 "插入函数"对话框

图 1-10-18 COUNTIF 函数参数设置

④ 单击"确定"按钮,即可将 J14 单元格的数据求出,利用快速填充功能,完成其他单元格数据的计算。

(10) 计算女生各门功课的平均分,并填入相应的单元格区域内。操作如下:

① 选定 J15 单元格,打开"插入函数"对话框。

② 在"或选择类别"列表中选择"数学与三角函数",在"选择函数"列表中选择"SUMIF",列表下方会出现关于该函功能的简单提示。

③ 单击"确定"按钮,弹出"函数参数"对话框,在"Range"文本框中选定单元格区域"C3:C12",并且在列号前加"$";在"Criteria"文本框中输入"女";在"Sum-range"文本框中选定单元格区域"J3:J12",如图 1-10-19 所示。

④ 单击"确定"按钮,关闭"函数参数"对话框;在表格的编辑栏内输入"/"。

⑤ 再次打开 COUNTIF 的"函数参数"对话框,在"或选择类别"列表中选择"统计",在"选择函数"列表中选择"COUNTIF",列表下方会出现关于该功能的简单提示。

⑥ 单击"确定"按钮,弹出"函数参数"对话框,在"Range"文本框中选定单元格区域 C3:C12,并且在列号前加"$",在"Criteria"文本框中输入"女",如图 1-10-20 所示。

图 1-10-19 SUMIF 函数参数设置

图 1-10-20 COUNTIF 函数参数设置

⑦ 单击"确定"按钮,可将 J15 单元格的数据求出。利用快速填充功能,完成其他单元格数据的计算。或者直接使用 AVERAGEIF 函数,使用方法与 SUMIF 函数类似,在弹出的"函数参数"对话框中按如图 1-10-21 所示进行参数设置。

(11) 按图 1-10-2 所示的数据建立工作表 Sheet2,使用统计函数,统计英语成绩各分数段的学生人数,并将统计结果保在工作表 Sheet2 中的相应位置。操作如下:

① 选定工作表 Sheet2 中的 B2 单元格,打开"插入函数"对话框。

图 1-10-21　AVERAGEIF 函数参数设置

② 在"或选择类别"列表中选择"统计",在"选择函数"列表中选择"COUNTIF",列表下方会出现关于该函数功能的简单提示。

③ 单击"确定"按钮,弹出"函数参数"对话框,在"Range"文本框中选定工作表 Sheet1 中的单元格区域"K3:K12",在"Criteria"文本框中输入"">=60"",如图 1-10-22 所示。

④ 单击"确定"按钮,关闭"函数参数"对话框;在单元格或者编辑栏中输入"-"。

⑤ 再次打开 COUNTIF "函数参数"对话框,"Range"文本框中选定 Sheet1 中的单元格区域 K3:K12,在"Criteria"文本框中输入"">=70"",如图 1-10-23 所示。

图 1-10-22　COUNTIF 函数参数设置-1

图 1-10-23　COUNTIF 函数参数设置-2

⑥ 单击"确定"按钮,关闭"函数参数"对话框,计算出"大于等于 60 且小于 70"分数段的学生人数。

⑦ 同样操作,计算其他分数段的学生人数,结果如图 1-10-24 所示。

图 1-10-24　分数段的统计结果

3．分类汇总

将"学号"、"姓名"、"性别"、"高数"、"英语"和"C 语言"列的数据复制到工作表 Sheet3 中,并按性别分类,分别对男、女同学各门成绩进行汇总与求平均,并将结果显示在数据下方。操作如下:

① 在工作表 Sheet1 中,选择单元格区域 A2:C12,按 Ctrl+C 组合键完成复制;在工作表 Sheet2 中,选定 A1 单元格,按 Ctrl+V 组合键完成粘贴。

② 用同样的方法,完成"高数"、"英语"和"C 语言"列数据的复制操作,完成数据清单的创建,结果如图 1-10-25 所示。

③ 选定数据清单区域中的任一单元格,在"数据"选项卡的"排序和筛选"组中单击"排序"按钮,弹出"排序"对话框,按"性别"进行排序(升序或者降序),使相同性别的数据集中在一起,如图 1-10-26 所示。

④ 在"数据"选项卡的"分级显示"组中单击"分类汇总"按钮,弹出"分类汇总"对话框。

	A	B	C	D	E	F
1	学号	姓名	性别	高数	英语	C语言
2	201178990901	金建超	男	67	93	98
3	201178990902	杨萍	女	76	63	95
4	201178990903	张佳佳	女	80	99	98
5	201178990904	俞伟	男	83	64	97
6	201178990905	王超	男	83	78	97
7	201178990906	倪艳	女	85	71	90
8	201178990907	洪莉	女	92	64	93
9	201178990908	艾辰	男	93	72	97
10	201178990909	王杰	男	96	73	86
11	201178990910	洪颖	女	97	87	94

图 1-10-25　数据清单的创建

	A	B	C	D	E	F
1	学号	姓名	性别	高数	英语	C语言
2	201178990901	金建超	男	67	93	98
3	201178990904	俞伟	男	83	64	97
4	201178990905	王超	男	83	78	97
5	201178990908	艾辰	男	93	72	97
6	201178990909	王杰	男	96	73	86
7	201178990902	杨萍	女	76	63	95
8	201178990903	张佳佳	女	80	99	98
9	201178990906	倪艳	女	85	71	90
10	201178990907	洪莉	女	92	64	93
11	201178990910	洪颖	女	97	87	94

图 1-10-26　排序结果

⑤ 在“分类字段”列表中选择分类字段“性别”，在“汇总方式”列表中选择“求和”，在“选定汇总项”框中勾选“高数”、“英语”和“C 语言”复选框，如图 1-10-27 所示。

⑥ 单击“确定”按钮，按“求和”汇总方式的结果如图 1-10-28 所示。

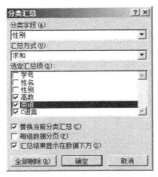

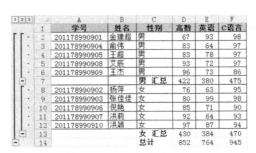

图 1-10-27　“分类汇总”对话框

	A	B	C	D	E	F
1	学号	姓名	性别	高数	英语	C语言
2	201178990901	金建超	男	67	93	98
3	201178990904	俞伟	男	83	64	97
4	201178990905	王超	男	83	78	97
5	201178990908	艾辰	男	93	72	97
6	201178990909	王杰	男	96	73	86
7			男 汇总	422	380	475
8	201178990902	杨萍	女	76	63	95
9	201178990903	张佳佳	女	80	99	98
10	201178990906	倪艳	女	85	71	90
11	201178990907	洪莉	女	92	64	93
12	201178990910	洪颖	女	97	87	94
13			女 汇总	430	384	470
14			总计	852	764	945

图 1-10-28　求和汇总结果

⑦ 再次单击“分类汇总”按钮，在“汇总方式”列表中选择“平均值”；取消“替换当前分类汇总”的勾选，单击“确定”按钮，结果如图 1-10-29 所示。

	A	B	C	D	E	F
1	学号	姓名	性别	高数	英语	C语言
2	201178990901	金建超	男	67	93	98
3	201178990904	俞伟	男	83	64	97
4	201178990905	王超	男	83	78	97
5	201178990908	艾辰	男	93	72	97
6	201178990909	王杰	男	96	73	86
7			男 平均值	84	76	95
8			男 汇总	422	380	475
9	201178990902	杨萍	女	76	63	95
10	201178990903	张佳佳	女	80	99	98
11	201178990906	倪艳	女	85	71	90
12	201178990907	洪莉	女	92	64	93
13	201178990910	洪颖	女	97	87	94
14			女 平均值	86	77	94
15			女 汇总	430	384	470
16			总计平均值	85	76	95
17			总计	852	764	945

图 1-10-29　最终汇总结果

4. 高级筛选

对工作表 Sheet1 中的数据，筛选出 1994 年以后出生的学生记录，将筛选结果保存到工作表 Sheet1 中 A19 单元格开始的区域。操作如下：

① 将 G2 单元格的内容复制到 A16 单元格，在 A17 单元格中输入“>=1994-1-1”（不输入双引号），条件区域的设置如图 1-10-30 所示。

② 选定数据清单区域中的任一单元格，在“数据”选项卡的“排序和筛选”组中单击“高级”按钮，弹出“高级筛选”对话框。

图 1-10-30 条件区域的设置

③ 选中"将筛选结果复制到其他位置"单选按钮,在"列表区域"编辑框中会显示系统自动识别出的数据清单区域。若区域有问题,可单击该编辑框右侧的区域选择按钮,重新设置"列表区域"。

④ 单击"条件区域"编辑框右侧的区域选择按钮,设置"条件区域"。

⑤ 鼠标定位到"复制到"编辑框中,单击 A19 单元格,打开"高级筛选"对话框,设置如图 1-10-31 所示。

(9)单击"确定"按钮,即可筛选出符合条件区域的数据,如图 1-10-32 所示。

图 1-10-31 "高级筛选"对话框

图 1-10-32 高级筛选结果

5. 数据透视表

将"学号"、"姓名"、"性别"、"专业"、"高数"、"英语"和"C语言"和"总分"列的数据复制到新的工作表 Sheet4 中,创建一个显示对男、女同学的总分求平均的数据透视表,要求:❶ 行区域设置为"性别";❷ 数据区域设置为"总分",汇总方式为求平均;❸ 将对应的数据透视表保存在工作表 Sheet4 中 A13 单元格开始的单元格区域。操作如下:

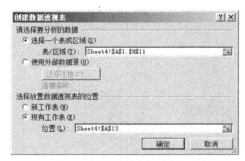

① 选定数据清单区域中的任一单元格,在"插入"选项卡的"表格"组中单击按钮,打开"创建数据透视表"对话框。

② 在"表/区域"编辑框中会显示系统自动识别出的数据清单区域。若区域有问题,可单击该编辑框右侧的区域选择按钮,重新设置"表/区域"。选中"现有工作表"单选按钮,在"位置"编辑框中选择 A13 单元格,设置如图 1-10-33 所示。

图 1-10-33 "创建数据透视表"对话框

③ 单击"确定"按钮,弹出数据透视表的编辑界面,工作表中出现了数据透视表,在其右侧出现的是"数据透视表字段列表",如图 1-10-34 所示。此外,在功能栏中出现了"数据透视表工具"/"选项"选项卡和"设计"选项卡。

④ 将"性别"字段拖曳到"行标签"框中,将"总分"字段拖曳到"数值"框中,添加

好数据透视表的效果如图 1-10-35 所示。

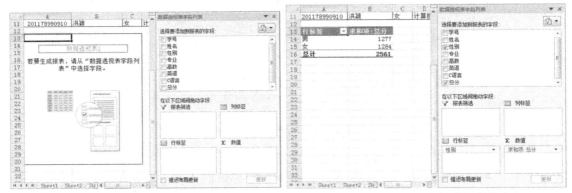

图 1-10-34 数据透视表的编辑界面　　　　图 1-10-35 初始数据透视表的效果

⑤ 在右侧的"数据透视表字段列表"任务窗格中单击"求和项：总分"按钮，在弹出的快捷菜单中选择"值字段设置"。

⑥ 打开"值字段设置"对话框，在"计算类型"区域中选择"平均值"，如图 1-10-36 所示；单击左下方的"数字格式"按钮，打开"设置单元格格式"对话框，在"小数位数"文本框中输入"1"，单击"确定"按钮，退出"设置单元格格式"对话框。

⑦ 单击"值字段设置"对话框的"确定"按钮，创建好的数据透视表的效果如图 1-10-37 所示。

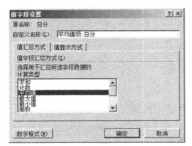

图 1-10-36 "值字段设置"对话框　　　　图 1-10-37 数据透视表的效果

操作练习

创建一个新的工作簿文件，按图 1-10-38 所示的数据建立工作表 Sheet1，完成以下第（1）～（7）题的操作。

	A	B	C	D	E	F	G	H	I	J	K	L
1		采购表						折扣表			价格表	
2	项目	采购数量	采购时间	单价	折扣	总金额		数量	折扣率		项目	单价
3	帽子	30	2012/1/12					1	0%		帽子	100
4	鞋子	122	2012/2/5					100	8%		围巾	60
5	帽子	180	2012/2/5					200	10%		鞋子	150
6	围巾	210	2012/3/14					300	12%			
7	鞋子	260	2012/3/15									
8	帽子	380	2012/4/30						统计表			
9	围巾	310	2012/4/30					统计类别	采购总量	总金额	总金额排名	
10	鞋子	20	2012/5/15					帽子				
11	帽子	340	2012/5/15					围巾				
12	鞋子	260	2012/6/24					鞋子				

图 1-10-38 初始数据-1

（1）使用 VLOOKUP 函数，对工作表 Sheet1 中的商品单价进行自动填充。要求：根据“价格表”中的商品单价，利用 VLOOKUP 函数，将其单价自动填充到采购表中的“单价”列中。

（2）使用 VLOOKUP 函数，对工作表 Sheet1 中的商品折扣率进行自动填充。要求：根据“折扣表”中的商品折扣率，利用相应函数，将其折扣率自动填充到采购表中的“折扣”列中。

（3）利用公式计算工作表 Sheet1 中的“总金额”。要求：根据“采购数量”、“单价”和“折扣”，计算采购的“总金额”，结果保留整数。计算公式：单价*采购数量*(1−折扣率)。

（4）使用 SUMIF 函数，统计各种商品的“采购总量”和“总金额”，将结果保存在工作表 Sheet1 中的“统计表”相应的单元格内。

（5）使用 RANK 函数，求出各种商品总金额的“排名”，将结果保存在工作表 Sheet1 中的“统计表”相应的单元格内。

（6）对工作表 Sheet1 的“采购表”进行高级筛选。

❶ 筛选条件为："采购数量">200 且"折扣率">10%。

❷ 将筛选结果保存在工作表 Sheet1 中 A14 开始的区域中。

（7）根据工作表 Sheet1 中的采购表，新建一个数据透视图 Chart1，要求：

❶ 该图形显示每个采购时间点所采购的所有项目数量的汇总情况。

❷ X 轴字段设置为“采购时间”。

❸ 将对应的数据透视图保存在工作表 Sheet2 中。

创建一个新的工作簿文件，按图 1-10-39 所示的数据建立工作表 Sheet1，完成以下（8）～（12）题的操作。

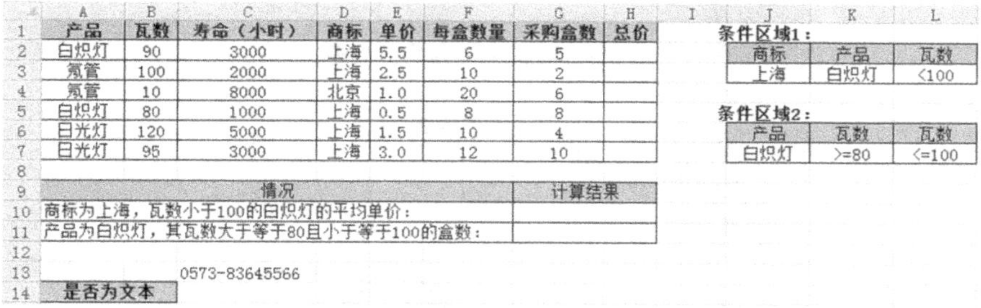

	A	B	C	D	E	F	G	H	I	J	K	L
1	产品	瓦数	寿命（小时）	商标	单价	每盒数量	采购盒数	总价		条件区域1：		
2	白炽灯	90	3000	上海	5.5	6	5			商标	产品	瓦数
3	氖管	100	2000	上海	2.5	10	2			上海	白炽灯	<100
4	氖管	10	8000	北京	1.0	20	6					
5	白炽灯	80	1000	上海	0.5	8	8			条件区域2：		
6	日光灯	120	5000	上海	1.5	10	4			产品	瓦数	瓦数
7	日光灯	95	3000	上海	3.0	12	10			白炽灯	>=80	<=100
8												
9	情况						计算结果					
10	商标为上海，瓦数小于100的白炽灯的平均单价：											
11	产品为白炽灯，其瓦数大于等于80且小于等于100的盒数：											
12												
13			0573-83645566									
14	是否为文本											

图 1-10-39 初始数据-2

（8）使用公式，计算工作表 Sheet1 中每种产品的总价，将结果保存到表中的“总价”列中。计算总价的计算方法为：总价=单价*每盒数量*采购盒数。

（9）在工作表 Sheet1 中，利用数据库函数及已设置好的条件区域，计算以下情况的结果，并将结果保存在相应的单元格中。

❶ 商标为上海，其瓦数小于 100 的白炽灯的平均单价。

❷ 产品为白炽灯，其瓦数大于等于 80 且小于等于 100 的盒数。

（10）使用函数，对工作表 Sheet1 中的 C13 单元格中的内容进行判断，判断其是否为文本，如果是，结果为“TRUE”；如果不是，结果为“FALSE”，并将结果保存在工作表 Sheet1 中的 C14 单元格中。

（11）工作表 Sheet1 进行高级筛选，要求：❶ 筛选条件为“产品为白炽灯，商标为上海”；❷ 将结果保存在 A16 开始的区域中。

（12）根据工作表 Sheet1 中的数据，创建一张数据透视表，保存在新的工作表中，要求：❶ 显示不同商标的不同产品的采购数量；❷ 行区域设置为“产品”；❸ 列区域设置为“商标”。

（13）在工作表中输入如图 1-10-40 所示的数据，计算节假日对应的年月日和星期，结果填入相应的单元格区域中，结果如图 1-10-41 所示。提示：使用 DATE 函数和 WEEKDAY 函数。

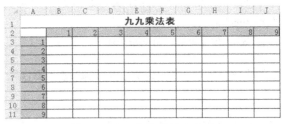

2013年节假日表				
年份	2013			
节假日名称	日期		年月日	星期
	月	日		
元旦节	1	1	2013/1/1	2
清明节	4	4	2013/4/4	4
劳动节	5	1	2013/5/1	3
国庆节	10	1	2013/10/1	2
圣诞节	12	25	2013/12/25	3

图 1-10-40　节假日表

2013年节假日表				
年份	2013			
节假日名称	日期		年月日	星期
	月	日		
元旦节	1	1		
清明节	4	4		
劳动节	5	1		
国庆节	10	1		
圣诞节	12	25		

图 1-10-41　计算结果

（14）在工作表中输入如图 1-10-42 所示的数据，使用逻辑函数在单元格 B3 中完成一个公式，并使用此公式通过拖动填充柄对单元格区域 B3:J11 进行填充，得到如图 1-10-43 所示的九九乘法表。要求：只能使用一个公式完成如图 1-10-43 所示的九九乘法表。

九九乘法表									
	1	2	3	4	5	6	7	8	9
1									
2									
3									
4									
5									
6									
7									
8									
9									

图 1-10-42　待完成的九九表

九九乘法表									
	1	2	3	4	5	6	7	8	9
1	1*1=1								
2	1*2=2	2*2=4							
3	1*3=3	2*3=6	3*3=9						
4	1*4=4	2*4=8	3*4=12	4*4=16					
5	1*5=5	2*5=10	3*5=15	4*5=20	5*5=25				
6	1*6=6	2*6=12	3*6=18	4*6=24	5*6=30	6*6=36			
7	1*7=7	2*7=14	3*7=21	4*7=28	5*7=35	6*7=42	7*7=49		
8	1*8=8	2*8=16	3*8=24	4*8=32	5*8=40	6*8=48	7*8=56	8*8=64	
9	1*9=9	2*9=18	3*9=27	4*9=36	5*9=45	6*9=54	7*9=63	8*9=72	9*9=81

图 1-10-43　九九乘法表

实验 11

PowerPoint 2010 基本操作

实验目的

❶ 掌握 PowerPoint 2010 启动和退出的方法。
❷ 掌握演示文稿的新建、保存和打开的方法。
❸ 熟练掌握演示文稿的编辑和格式化的基本操作。
❹ 熟练掌握在幻灯片中插入图片、表格、图表、声音和视频的方法。
❺ 熟练掌握更改幻灯片的母版、版式、主题和背景的方法。

实验内容

（1）PowerPoint 2010 的启动和退出。
（2）新建演示文稿

使用"空白演示文稿"制作"南湖学院.pptx"演示文稿，包括"南湖学院简介"、"南湖学院的历史"、"南湖学院的文化传承"、"南湖学院的机构设置"、"南湖学院的今天与未来"、"南湖学院与我"、"校园风景 1"、"校园风景 2"、"教师风采"和"热爱母校"等内容，篇幅为 10 页。其中，首页标题为"南湖学院简介"，标题文字设置为宋体、65 磅。

（3）编辑幻灯片

❶ 添加副标题和备注。将"南湖学院"演示文稿的第 1 张幻灯片的副标题添加为"独立学院"，并给第 1 张幻灯片加上备注，内容是"这是第 1 张幻灯片"。

❷ 在幻灯片中输入文本。在"南湖学院"演示文稿的第 2 张幻灯片中插入文本框，输入文字"红船文化"。

❸ 幻灯片的复制、移动和删除。将第 5 张幻灯片移动到演示文稿的最后，将第 2 张幻灯片复制到演示文稿的最后，删除"南湖学院"演示文稿的最后一张幻灯片。

（4）项目符号与编号

❶ 添加项目符号。将"南湖学院"演示文稿的第 4 页幻灯片的标题添加为"南湖学院的机构设置"，文本添加为"数理系"、"商学系"、"人文系"、"机建系"和"化纺系"，并在系部的前面加上项目符号。

❷ 添加编号。将"南湖学院"演示文稿的第 10 页幻灯片的标题添加为"南湖学院的今天与未来"，文本添加为"今天"和"未来"，并对文本添加编号。

（5）添加可视化项目

❶ 插入图片。在"南湖学院"演示文稿的第 7 张幻灯片的合适位置插入图片。

❷ 插入声音。在"南湖学院"演示文稿的第 8 张幻灯片的合适位置插入声音文件等可视化项目。

（6）幻灯片主题

在"南湖学院"演示文稿中，将第 1 张幻灯片的文档主题设置为"暗香扑面"，其余幻灯片的文档主题设置为"风舞九天"。

（7）幻灯片母版

对于"南湖学院"演示文稿，按照以下要求设置并应用幻灯片的母版：

❶ 对于首页所应用的标题母版，将其中的标题样式设为幼圆、60 磅。

❷ 对于其他页面所应用的一般幻灯片母版，将其中的标题样式设置为楷体、48 磅，在右上角插入"嘉兴学院南湖学院"校徽，在日期区中插入当前日期（格式标准参照"2015-03-30"），在页脚中插入幻灯片编号（即页码）。

（8）幻灯片的背景

对于"南湖学院"演示文稿，将第 3 张幻灯片的背景填充效果设置为"雨后初晴"。

（9）设置放映方式

将"南湖学院"演示文稿设置为"演讲者放映（全屏幕）"放映方式。

（10）保存演示文稿

将演示文稿保存在 D 盘根目录下，文件名为"南湖学院.pptx"。

实验操作

1. PowerPoint 2010 的启动和退出

（1）PowerPoint 2010 的启动。操作方法有如下 3 种。

❶ 在"开始"菜单中选择"所有程序"→"Microsoft Office"→"Microsoft Office PowerPoint 2010"命令，启动 PowerPoint 2010。

❷ 可以在桌面上双击 Microsoft PowerPoint 2010，启动 PowerPoint 2010。

❸ 双击磁盘存在的演示文稿，系统将启动 PowerPoint 2010，同时打开选定的演示文稿。

（2）PowerPoint 2010 的退出。操作方法有如下 4 种。

❶ 单击 PowerPoint2010 窗口右上角的关闭按钮。

❷ 按 Alt+F4 组合键。

❸ 选择"文件"菜单的"退出"命令。

❹ 双击 PowerPoint 2010 标题栏左上角的控制菜单按钮。

2. 新建演示文稿

使用"空白演示文稿"制作"南湖学院.pptx"演示文稿，包括"南湖学院简介"、"南湖学院的历史"、"南湖学院的文化传承"、"南湖学院的机构设置"、"南湖学院的今天与未来"、"南湖学院与我"、"校园风景 1"、"校园风景 2"、"教师风采"和"热爱母校"等内容，篇幅为 10 页。其中，首页标题为"南湖学院简介"，标题文字设置为宋体、65 磅。操作如下：

① 选择"文件"选项卡的"新建"命令，单击"空白演示文稿"按钮，再单击窗口右侧的"创建"按钮，打开一个没有任何设计方案和示例的空白幻灯片，如图 1-11-1 所示。

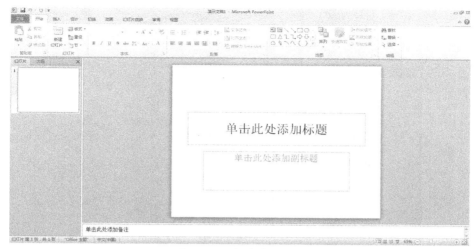

图 1-11-1 新建演示文稿

② 在"单击此处添加标题"中输入"南湖学院简介",选中输入的文字并右键单击,在弹出的快捷菜单中选择"字体"命令,弹出如图 1-11-2 所示的对话框,在"中文字体"中选择"宋体",在"大小"中输入"65",最后单击"确定"按钮。

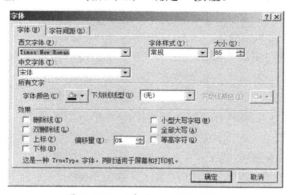

图 1-11-2 "字体"设置对话框

3. 编辑幻灯片

(1)添加副标题和备注

将"南湖学院"演示文稿的第 1 张幻灯片的副标题添加为"独立学院",并给第 1 张幻灯片加上备注,内容是"这是第 1 张幻灯片"。操作如下:

① 在右侧大纲窗格中,选择第 1 张幻灯片。

② 单击幻灯片的副标题占位符,输入"独立学院"。

③ 选择第 1 张幻灯片,单击备注区,输入"这是第 1 张幻灯片"。

(2)在幻灯片中输入文本

在"南湖学院"演示文稿第 2 张幻灯片中插入文本框,输入文字"红船文化"。操作如下:

① 在右侧大纲窗格中选中第 1 张幻灯片,单击右键,在弹出的快捷菜单中选择"新建幻灯片"命令,如图 1-11-3 所示,输入相应标题和文字。若要更换幻灯片版式,则在"开始"选项卡的"幻灯片"组中单击"版式",出现如图 1-11-4 所示的下拉列表,从中选择所需的版式即可。按照相同的方法,插入总共 10 张幻灯片。

图 1-11-3 新建幻灯片

图 1-11-4 修改幻灯片版式

② 插入文本框。选定第 2 张幻灯片，在"插入"选项卡的"文本"组中单击"文本框"→"横排文本框"或"垂直文本框"，在幻灯片中直接绘制文本框，输入文本"红船文化"。

（3）幻灯片的复制、移动和删除

将第 5 张幻灯片移动到演示文稿的最后，将第 2 张幻灯片复制到演示文稿的最后，删除"南湖学院"演示文稿的最后一张幻灯片。操作如下：

① 单击幻灯片右下角的"幻灯片浏览视图"按钮，切换到幻灯片浏览视图，单击选择第 5 张幻灯片（被选中的幻灯片周围有边框），按 Ctrl+X 组合键。

② 单击最后一张幻灯片后面的位置（出现一条长直线即插入点），定位为要移动到的位置，按 Ctrl+V 组合键，观察视图变化情况。

③ 选择第 2 张幻灯片，按 Ctrl+C 组合键，再单击最后一张幻灯片后面的位置，定位为要复制到的位置，按 Ctrl+V 组合键，观察视图变化情况。

④ 右击最后一张幻灯片，在弹出的快捷菜单中选择"删除幻灯片"（或按 Delete 键），观察视图变化情况。

4. 项目符号与编号

（1）添加项目符号

将"南湖学院"演示文稿的第 4 页幻灯片的标题添加为"南湖学院的机构设置"，文本添加为"数理系"、"商学系"、"人文系"、"机建系"和"化纺系"，并在系部的前面加上项目符号。操作如下：

① 选中需要设置项目符号的文本，在"开始"选项卡的"段落"组中单击"项目符号"，打开如图 1-11-5 所示的"项目符号"任务窗格，选择项目符号，或单击其中的"项目符号和编号"按钮，打开"项目符号和编号"对话框，如图 1-11-6 所示。

② 系统提供了默认的几种项目符号项，如果用户不喜欢原有的项目符号，可以重新设置，方法如下：在"项目符号和编号"对话框中，选择一种项目符号，单击"自定义"按钮，打开"符号"对话框，从中选择一种符号作为项目符号。

如果用户想删除项目符号，可以采用以下几种方法之一。

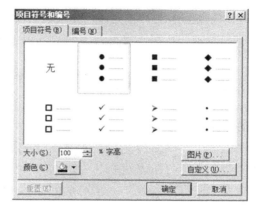

图 1-11-5 "项目符号"任务窗格　　　　图 1-11-6 "项目符号和编号"对话框

❶ 将插入点放到要删除项目符号的段落最前面，按 Backspace 键。

❷ 将插入点放到要删除项目符号的段落上，在"开始"选项卡的"段落"组中单击，然后在"项目符号"任务窗格中选择"无"。

（2）添加编号

将"南湖学院"演示文稿的第 10 页幻灯片的标题添加为"南湖学院的今天与未来"，文本添加为"今天"和"未来"，并对文本添加编号。操作如下：选中需要设置项目符号的文本，在"开始"选项卡的"段落"组中单击"编号"，从列表的多种编号样式中进行选择，或者更改列表的颜色、大小或起始编号，然后在"项目符号和编号"对话框的"编号"选项卡中设置。

5．添加可视化项目

（1）插入图片

在"南湖学院"演示文稿的第 7 张幻灯片的合适位置插入图片。操作如下。

选中第 7 张幻灯片，选择以下两种方法之一。

❶ 在"插入"选项卡的"插图"组中单击"图片"，在弹出的对话框中选择相应的图片，单击"插入"按钮，可以将用户选择的来自文件的图片插入到选定的幻灯片中。

❷ 在"插入"选项卡的"插图"组中单击"剪贴画"按钮，弹出"剪贴画"任务窗格，如图 1-11-7 所示，可以将系统提供的剪贴画插入到选定的幻灯片中。

插入图片以后，可以对插入的图片进行编辑，操作的方法有以下两种。

图 1-11-7 "剪贴画"任务窗格

❶ 选择图片，出现"图片工具/格式"选项卡，在"调整"、"图片样式"、"排列"和"大小"组中可对图片进行相应的编辑。

❷ 右击图片，在弹出的快捷菜单中选择"设置图片格式"，弹出"设置图片格式窗口"，从中进行相应的格式设置即可。

（2）插入声音

在"南湖学院"演示文稿第 8 张幻灯片的合适位置插入声音文件等可视化项目。操作如下：

① 选择要添加声音的幻灯片，在"插入"选项卡的"媒体"组中单击"音频"→"文件中的音频"，打开"插入音频"对话框。

② 选择需要插入的音频文件，如果需要使用剪辑库中的声音，可以选择"剪贴画音频"，在打开的"剪贴画"窗格中选取所需要的音频文件；如果需要录制自己的声音，可以选择"录制音频"。

③ 插入声音文件后幻灯片中会出现一个喇叭图标，再通过"音频工具"选项卡，完成音频设置。

6．幻灯片主题

在"南湖学院"演示文稿中，将第 1 张幻灯片的文档主题设置为"暗香扑面"，其余幻灯片的文档主题设置为"风舞九天"。操作如下。

① 单击"设计"选项卡，切换到"主题"功能区，如图 1-11-8 所示。

图 1-11-8 "主题"选项界面

② 在左侧大纲窗格中选择第 1 张幻灯片，在"主题"区中找到"暗香扑面"主题。查找时只要将鼠标移动到某张主题上就会出现该主题的名称；若没有找到，则单击右侧下拉列表。

③ 右击"暗香扑面"主题，在弹出的快捷菜单中选择"应用于选定幻灯片"，将该主题应用于第 1 张幻灯片。注意，此时不要直接单击"暗香扑面"主题，或在出现的下拉菜单中选择"应用于所有幻灯片"，否则会将"暗香扑面"主题应用到所有幻灯片。

④ 选择除第 1 张幻灯片外的其他幻灯片（先选定第 2 张幻灯片，按住 Shift 键，再选定最后一张幻灯片即可），找到"风舞九天"主题，右击"风舞九天"主题，在弹出的快捷菜单中选择"应用于选定幻灯片"，将"风舞九天"主题应用于除第 1 张幻灯片外的所有幻灯片上。

7．幻灯片母版

对于"南湖学院"演示文稿，按照以下要求设置并应用幻灯片的母版：

❶ 对于首页所应用的标题母版，将其中的标题样式设为幼圆、60 磅。

❷ 对于其他页面所应用的一般幻灯片母版，将其中的标题样式设置为楷体、48 磅，在右上角插入"嘉兴学院南湖学院"校徽，在日期区中插入当前日期（格式标准参照"2015-03-30"），在页脚中插入幻灯片编号（即页码）。

操作如下：

① 选中第 1 张幻灯片，在"视图"选项卡的"母版视图"组中单击"幻灯片母版"按钮，切换到幻灯片母版视图。

② 由于该演示文稿应用了两种文档主题，所以在大纲窗格中会出现编号为 1、2 的母版，

分别是"暗香扑面"幻灯片母版和"风舞九天"幻灯片母版，将鼠标指针移动到某个幻灯片母版上，会弹出提示信息，提示哪几张幻灯片使用了该母版。

③ 选中"暗香扑面"幻灯片母版，鼠标指针提示信息为"标题幻灯片 版式，由幻灯片1使用"的母版，如图1-11-9所示；单击"单击此处编辑母版标题样式"，将字体设置为幼圆、60磅。

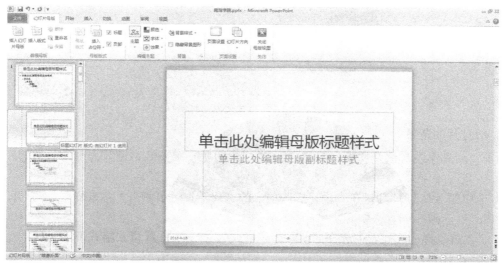

图1-11-9 "标题幻灯片"母版设置界面

④ 选中"风舞九天"幻灯片母版，鼠标指针提示信息为"标题和内容 版式，由幻灯片2-10使用"的母版，如图1-11-10所示；单击"单击此处编辑母版标题样式"，将字体设置为楷体、48磅。

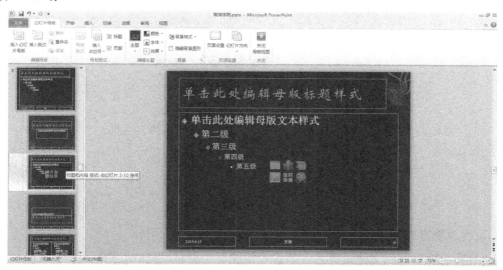

图1-11-10 "一般幻灯片"母版设置界面

⑤ 在"插入"选项卡的"图像"组中单击"图片"，选择"嘉兴学院南湖学院"校徽图片存放的路径，单击"插入"按钮，将选择的图片插入到幻灯片母版中，并调整到合适的位置。

⑥ 关闭母版视图，在"插入"选项卡的"文本"组中单击"页眉和页脚"按钮，打开"页眉和页脚"对话框（如图1-11-11所示），勾选"日期和时间"并选择相应格式，勾选"幻灯

片编号"和"标题幻灯片中不显示",再单击"全部应用"按钮,将设置应用到所有的幻灯片。

图 1-11-11 "页眉和页脚"对话框

8．幻灯片的背景

对于"南湖学院"演示文稿,将第 3 张幻灯片的背景填充效果设置为"雨后初晴"。操作如下:

① 选中第 3 张幻灯片,在"设计"选项卡的"背景"组中单击"背景样式",打开"背景样式"库。

② 在"背景样式"列表中选择"设置背景格式",打开"设置背景格式"对话框;选中"渐变填充"单选按钮,在"预设颜色"中选择"雨后初晴",如图 1-11-12 所示,最后单击"关闭"按钮。

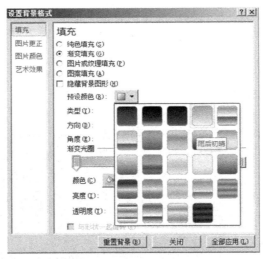

图 1-11-12 "设置背景格式"对话框

9．设置放映方式

将"南湖学院"演示文稿设置为"演讲者放映(全屏幕)"放映方式。操作如下:在"幻灯片放映"选项卡的"设置"组中单击"设置幻灯片放映"按钮,出现如图 1-11-13 所示的对话框,在"放映类型"中选择"演讲者放映(全屏幕)",最后单击"确定"按钮。

10．保存演示文稿

将演示文稿保存在 D 盘根目录下,文件名为"南湖学院.pptx"。

保存演示文稿的方法有以下 3 种:❶ 在"文件"选项卡中单击"保存"按钮;❷ 单击快

速访问栏的"保存"按钮；❸ 使用 Ctrl+S 组合键。

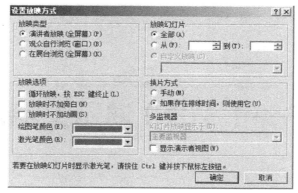

图 1-11-13 "设置放映方式"对话框

保存演示文稿后，如果是第一次保存，将打开"另存为"对话框，可以在"保存位置"中设置保存位置，在"文件名"中输入文件名称，在"保存类型"中选择要保存文件的类型。如果文件需要在低版本上运行，保存时需选择"PowerPoint 97-2003 演示文稿（*.ppt）"类型；如果文件需要保存为自定义模板，保存时需选择"PowerPoint 模板（*.potx）"类型；如果需要将演示文稿存为每次打开时自动放映的类型，保存时需选择"PowerPoint 放映（*.ppsx）"类型，然后单击"保存"按钮即可。

如果当前文档已经保存过，当对其进行了编辑修改而需要重新保存时，执行以上命令后，将在原有的位置以原有的文件名保存。如果需要将修改前和修改后的演示文稿同时保留，则需要选择"文件"选项卡中的"另存为"命令，操作方法与文档第一次保存的方法一样，只是这种保存方法会再产生一个演示文稿。

操作练习

（1）使用"空白演示文稿"制作"个人简历.pptx"演示文稿，内容自定义，篇幅为 10 页。其中，首页标题为"自我介绍"，标题文字设置为幼圆、60 磅、红色。

（2）在该演示文稿的第 2 张幻灯片中插入文本框，输入文字"自我风采"；在第 3 张幻灯片中插入图表（学历简介），在第 4 张幻灯片中插入合适的图片，在其他幻灯片的合适位置插入声音文件等可视化项目。

（3）在第 5 张幻灯片之前插入一张幻灯片。

（4）将第 3 张、第 6 张两张幻灯片位置交换。

（5）将第 1 张幻灯片的文档主题设为"平衡"，其余幻灯片的文档主题设为"龙腾四海"。

（6）按照以下要求设置并应用幻灯片的母版：

❶ 对于首页所应用的标题母版，将其中的标题样式设置为黑体、60 磅。

❷ 对于其他页面所应用的一般幻灯片母版，将其中的标题样式设置为楷体、50 磅，在日期区中插入当前日期（格式标准参照"2015-01-30"），在页脚中插入幻灯片编号（即页码）。

（7）将其中的第 6 张幻灯片的背景填充效果设置为"红日西斜"。

（8）将演示文稿定义为"在展台浏览（全屏幕）"放映方式。

（9）将演示文稿保存在 D 盘根目录下，文件名为"自我介绍.pptx"。

实验 12

PowerPoint 2010 演示文稿放映操作

实验目的

❶ 熟练掌握设置幻灯片动画效果的方法。
❷ 熟练掌握超链接和动作按钮的使用。
❸ 熟练掌握幻灯片切换的方法。
❹ 熟练掌握自定义放映的使用。
❺ 熟练掌握设置幻灯片放映的方法。

实验内容

（1）幻灯片切换

针对实验 11 建立的"南湖学院.pptx"的演示文稿，设置幻灯片切换方式。要求：效果为"向上擦除"，持续时间为 3 秒；幻灯片的换页方式为单击鼠标或 2 秒后自动播放；在切换时伴随"风铃"声；应用到所有的幻灯片，观看放映效果。

（2）幻灯片的动画效果

❶ 自定义动画效果。针对第 4 张幻灯片，按顺序设置以下 6 项内容的自定义动画效果。
- 将标题内容"南湖学院的机构设置"的进入效果设置成"棋盘"。
- 将文本内容"数理系"的进入效果设置成"中心旋转"，并且在标题内容出现 2 秒后自动开始，而不需要鼠标单击。
- 将文本内容"商学系"的进入效果设置成"玩具风车"，使在放映时从右侧飞入，并伴随着打字机的声音。
- 将文本内容"人文系"的强调效果设置成"陀螺旋"。
- 将文本内容"机建系"的动作路径设置成"向左"。
- 将文本内容"化纺系"的退出效果设置成"菱形"。

❷ 触发器。在第 3 张幻灯片中插入一副剪贴画（自选），设置其在单击标题"南湖学院的文化传承"时进入，动画效果为"向内溶解"。

（3）超链接

在第 5 张幻灯片中输入文本"南湖学院的展望"，放映时单击后，转到第 10 张幻灯片。

在第 10 张幻灯片中输入文本"返回首页",放映时单击后,返回到第 1 张幻灯片。

(4)动作按钮

在演示文稿的第 1 张幻灯片中添加一个自定义动作按钮,该按钮上的文字为"转到第 4 张幻灯片",要求放映时单击该按钮后转到第 4 张幻灯片。

(5)自定义放映

将演示文稿的第 2、4、6、8、10 张幻灯片定义成自定义放映。

(6)观看放映

将演示文稿的第 1~5 张幻灯片设置为循环放映,按 Esc 键终止。

(7)演示文稿的打包

将演示文稿打包成 CD,并命名为"我的 CD 演示文稿",并将其复制到指定位置(D 盘根目录),文件夹名与 CD 命名相同。

(8)幻灯片的发布

将演示文稿的前 3 页发布为 Web 页,并将其保存到指定路径(D:\)下。

实验操作

1. 幻灯片切换

针对实验 11 建立的"南湖学院.pptx"的演示文稿,设置幻灯片切换方式。要求:效果为"向上擦除",持续时间为 3 秒;幻灯片的换页方式为单击鼠标或 2 秒后自动播放;在切换时伴随"风铃"声;应用到所有的幻灯片,观看放映效果。操作如下:

① 打开"南湖学院.pptx"演示文稿。

② 在"切换"选项卡的"切换到此幻灯片"组的效果列表中选择"擦除",在"效果选项"中选择"自底部"效果。

③ 在"计时"组的"声音"列表中选择"风铃"声音,在"持续时间"中设置"03:00"秒的切换持续时间;在"换片方式"中勾选"单击鼠标时"和"在此之后自动设置动画效果"复选框,并设置自动播放时间为 2 秒。

图 1-12-1 "幻灯片切换"功能区

④ 单击"全部应用"按钮,把幻灯片切换效果应用到所有的幻灯片上。

⑤ 单击"幻灯片放映"选项卡的"从头开始"按钮或者按快捷键 F5,观看幻灯片的放映效果。

2. 幻灯片的动画效果

(1)自定义动画效果

针对第 4 张幻灯片,按顺序设置以下 6 项内容的自定义动画效果。

❶ 将标题内容"南湖学院的机构设置"的进入效果设置成"棋盘"。

❷ 将文本内容"数理系"的进入效果设置成"中心旋转",并且在标题内容出现 2 秒后自动开始,而不需要鼠标单击。

❸ 将文本内容"商学系"的进入效果设置成"玩具风车",使在放映时从右侧飞入,并伴随着打字机的声音。
❹ 将文本内容"人文系"的强调效果设置成"陀螺旋"。
❺ 将文本内容"机建系"的动作路径设置成"向左"。
❻ 将文本内容"化纺系"的退出效果设置成"菱形"。

操作如下:

① 选择第 4 张幻灯片,选中标题内容"南湖学院的机构设置",在"动画"选项卡的"动画"组的"动画效果"库(如图 1-12-2 所示)中查找"棋盘"动画效果。如未找到,则在动画窗格右侧的下拉列表中单击"更多进入效果",打开如图 1-12-3 所示的"更改进入效果"对话框,在"基本型"中选择"棋盘"动画效果。

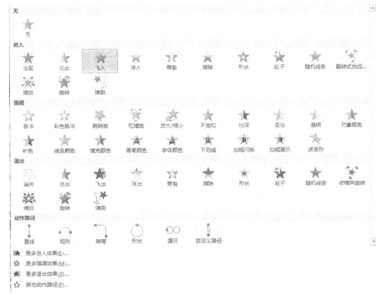

图 1-12-2 "动画效果"库　　　　　　图 1-12-3 "更改进入效果"对话框

② 选中文本内容"数理系",同上操作,设置为"中心旋转"进入动画效果。在"动画"选项卡的"高级动画"组中单击"动画窗格"按钮,打开"动画窗格"。在动画对象的下拉菜单中选择"计时",打开"中心旋转"对话框,在"计时"选项卡的"开始"下拉列表中选择"上一动画之后",在"延迟"微调框中输入"2",如图 1-12-4 所示,单击"确定"按钮。

③ 选中文本内容"商学系",设置"玩具风车"进入动画效果。在动画效果列表中选择"商学系",在列表中选择"效果选项",打开"玩具风车"对话框,设置声音为"打字机",如图 1-12-5 所示,单击"确定"按钮。

④ 添加强调效果。选中"人文系",单击"高级动画"组中的"添加动画"按钮,在弹出的动画库中选择"强调"类型中的"陀螺旋"动画。

⑤ 添加设置动作路径。选中"机建系",单击"高级动画"组中的"添加动画"按钮,在弹出的动画库中选择"动作路径"类型中的"向左"动画。

⑥ 设置退出效果。选中"化纺系",在"更多退出效果"中选择"菱形"退出效果

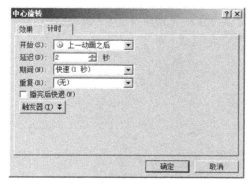 

图 1-12-4 "中心旋转"效果选项对话框　　图 1-12-5 "玩具风车"效果选项对话框

（2）触发器

在第 3 张幻灯片中插入一副剪贴画（自选），设置其在单击标题"南湖学院的文化传承"时进入，动画效果为"向内溶解"。操作如下：

① 选中第 3 张幻灯片，在"插入"选项卡的"图像"组中单击"剪贴画"按钮，在右侧任务窗格中选中一副合适的剪贴画，单击剪贴画右侧的下拉箭头，从中选择"插入"命令，再将选中的剪贴画拖放到合适的位置即可。

② 选中插入的剪贴画，在"动画"选项卡的"高级动画"组中单击"添加动画"→"更多进入效果"，打开如图 1-12-3 所示的对话框，从中选择"向内溶解"，再单击"确定"按钮。

③ 选择"高级动画"组中的"动画窗格"命令，在右侧出现的"动画窗格"任务窗格中选择剪贴画对象并单击右键，在弹出的快捷菜单中选择"计时"命令，打开"向内溶解"对话框。在"计时"选项卡的"开始"框中选择"单击时"，再单击"触发器"按钮；选中"单击下列对象时启动效果"单选按钮，在其右侧下拉列表中选择"标题 1：南湖学院的文化传承"，如图 1-12-6 所示，最后单击"确定"按钮。

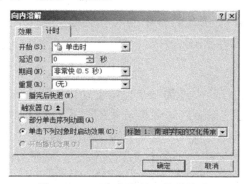

图 1-12-6 "向内溶解"效果设置

3．超链接

在第 5 张幻灯片中输入文本"南湖学院的展望"，放映时单击后转到第 10 张幻灯片；在第 10 张幻灯片中输入文本"返回首页"，放映时单击后返回到第 1 张幻灯片。操作如下：

① 选择第 5 张幻灯片，在"插入"选项卡"文本"组中单击"文本框"按钮，在幻灯片的合适位置拖动鼠标，选择合适的大小后释放鼠标，这样就在幻灯片中添加了一个文本框，然后从中输入文字"南湖学院的展望"。

② 选中文字"南湖学院的展望"，在"插入"选项卡"链接"组中单击"超链接"按钮；

或者单击右键,在弹出的快捷菜单中选择"超链接"命令,弹出如图 1-12-7 所示的对话框。

图 1-12-7　插入超链接

③ 在左窗格中选择"在本文档中的位置",弹出"请选择文档中的位置"区域。

④ 选择"10.南湖学院的的今天与未来",如图 1-12-8 所示,然后单击"确定"按钮。

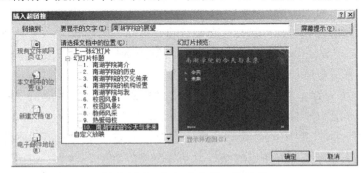

图 1-12-8　幻灯片中插入超链接

⑤ 在"幻灯片放映"选项卡的"开始放映幻灯片"组中单击"从头开始"按钮或者按快捷键 F5,放映幻灯片。当放映到第 5 张幻灯片时,单击文本"南湖学院的展望",观看效果。

⑥ 按同样的方法,在第 10 张幻灯片中插入一个文本框,并输入文本"返回首页",创建超链接,实现单击后返回到第 1 张幻灯片。

4.动作按钮

在演示文稿的第 1 张幻灯片中添加一个自定义动作按钮,该按钮上的文字为"转到第 4 张幻灯片",要求放映时单击该按钮后转到第 4 张幻灯片。操作如下:

① 选择第 1 张幻灯片,在"插入"选项卡的"插图"组中单击"形状",在出现的下拉列表的"动作按钮"形状中选择所需的"自定义"动作按钮,在幻灯片的合适位置拖动鼠标,选择合适的大小后释放鼠标,弹出如图 1-12-9 所示的对话框。

② 在"单击鼠标时的动作"区域中选中"超连接到"单选按钮,在其下拉列表中选择"幻灯片…"选项,如图 1-12-10 所示。

③ 选择"幻灯片…"后,打开"超链接到幻灯片"对话框,选择编号为 4 的幻灯片(如图 1-12-11 所示),单击"确定"按钮,返回到"动作设置"对话框,再单击"确定"按钮,完成设置。

④ 右击插入的自定义动作按钮,在弹出的快捷菜单中选择"编辑文字",输入文字"转到第 4 张幻灯片"即可。

⑤ 按 F5 键放映,当放映到第 1 张幻灯片时,单击该动作按钮,观察体会效果。

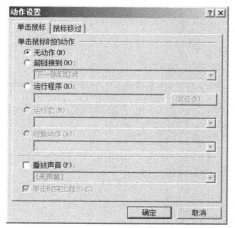
图1-12-9 "动作设置"对话框

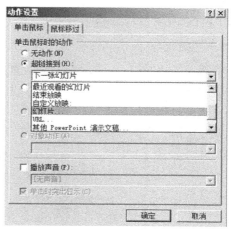
图1-12-10 "动作设置"对话框设置界面

5. 自定义放映

将演示文稿的第2、4、6、8、10张幻灯片定义成自定义放映。操作如下：

① 选择"幻灯片放映"选项卡的"开始放映幻灯片"组中单击"自定义幻灯片放映"按钮，弹出如图1-12-12所示的对话框。

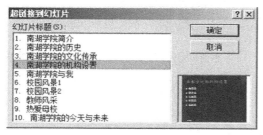
图1-12-11 超链接到幻灯片设置

图1-12-12 "自定义放映"对话框

② 单击"新建"按钮，出现"定义自定义放映"对话框，在"幻灯片放映名称"中输入自定义的放映名称。

③ "在演示文稿中的幻灯片"列表框中显示了当前演示文稿中所有幻灯片的编号和标题。选择其中所需的幻灯片，然后单击"添加"按钮，选定的幻灯片被添加到右侧的"在自定义放映中的幻灯片"列表框中，如图1-12-13所示。

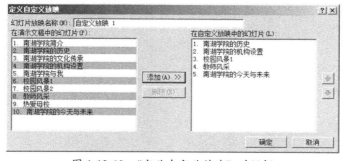
图1-12-13 "定义自定义放映"对话框

④ 选择完毕，单击"确定"按钮即可。

⑤ 在"幻灯片放映"选项卡的"开始放映幻灯片"组中单击"从头开始"按钮或者按快

捷键 F5，观看幻灯片的放映效果。

6．观看放映

将演示文稿的第 1~5 张幻灯片设置为循环放映，按 Esc 键终止。操作如下：

① 在"幻灯片放映"选项卡的"设置"组中单击"设置幻灯片放映"按钮，出现"设置放映方式"对话框（如图 1-12-14 所示），在"放映选项"区中勾选"循环放映，按 ESC 键终止"复选框；在"放映幻灯片"区中选中第二个单选按钮，并输入"1"和"5"，最后单击"确定"按钮。

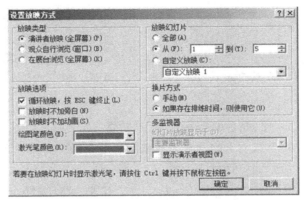

图 1-12-14 "设置放映方式"对话框

②在"幻灯片放映"选项卡的"开始放映幻灯片"组中单击"从头开始"按钮或者按快捷键 F5，观看幻灯片的放映效果。

7．演示文稿的打包

将演示文稿打包成 CD，并将 CD 命名为"我的 CD 演示文稿"，并将其复制到指定位置（D 盘根目录），文件夹名与 CD 命名相同。操作如下：

① 选择"文件"选项卡中的"保存并发送"命令，在中间窗格中选择"将演示文稿打包成 CD"命令，如图 1-12-15 所示。

图 1-12-15 将演示文稿打包成 CD

② 单击"打包成 CD"按钮，打开"打包成 CD"对话框，单击"添加"按钮，选择要进行打包的文件并确认，如图 1-12-16 所示。单击"选项"按钮，打开"选项"对话框（如图 1-12-17 所示），可选择演示文稿中所用到的链接文件，如果使用特殊字体，则需要选择嵌入 TrueType 字体，还可以设置打开或修改文件的密码。单击"确定"按钮，返回到"打包成 CD"对话框。

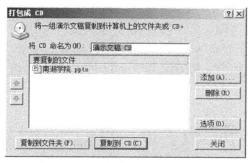
图 1-12-16 "打包成 CD"对话框

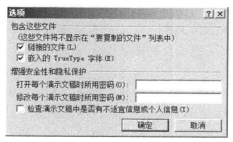
图 1-12-17 "选项"对话框

③ 单击"复制到文件夹"按钮，打开"复制到文件夹"对话框，设置打包后的路径和文件夹的名称，如图 1-12-18 所示，最后单击"确定"按钮即可。

图 1-12-18 "复制到文件夹"对话框

8. 幻灯片的发布

将演示文稿的前 3 页发布为 Web 页，并将其保存到指定路径（D:\）下。操作如下：

① 选择"文件"菜单的"保存并发送"→"发布幻灯片"命令，打开"发布幻灯片"对话框，如图 1-12-19 所示。

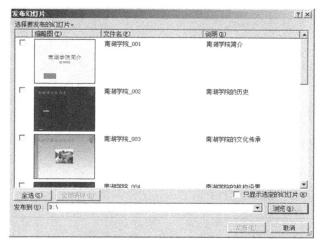
图 1-12-19 "发布幻灯片"对话框

② 选择要发布的幻灯片，并设置好路径后，单击"发布"按钮，完成 Web 发布。

操作练习

（1）打开实验11"操作练习"中完成的"个人简介.pptx"演示文稿，完成以下操作。

❶ 将所有幻灯片的切换效果设置为"向左擦除"。

❷ 将第1张幻灯片的段落文字标题转换为艺术字，设置其进入动画效果为"垂直百叶窗"。

❸ 结合文字插入一幅剪贴画（自选），设置其强调效果为"放大/缩小"。

❹ 设置其中一段文字进入的动画效果为从上部整体飞入。

❺ 在演示文稿中第1张幻灯片添加一个动作按钮，单击该按钮则打开Windows自带的画图软件。

❻ 在第4张幻灯片中插入一个文本框"返回"，单击后，返回到第1张幻灯片。

❼ 设置放映方式为"循环放映，按ESC键终止"。

❽ 用自定义放映操作对第1张和第3张幻灯片进行循环播放。

❾ 将演示文稿打包成CD，并将CD命名为"我的CD演示文稿"，并将其复制到指定路径（D:\）下，文件夹名与CD命名相同。

（2）以我的家乡为题材建立演示文稿，至少包含5张幻灯片；演示文稿中包含文本、图表、图片、声音及视频文件；每张幻灯片有不同的动画效果；以"我的家乡.pptx"保存。

实验 13

Internet Explorer 浏览器的使用

实验目的

❶ 熟悉 IE 8 的基本功能，熟练掌握 IE 8 的基本操作方法。
❷ 掌握 IE 8 的设置及其常用配置方法。
❸ 熟练掌握从 Internet 检索信息的方法。
❹ 掌握保存 Internet 信息的方法。

实验内容

❶ 启动浏览器、浏览网页。
❷ 默认设置、显示和隐藏菜单栏。
❸ 主页设置、收藏夹、清除历史记录。
❹ 多媒体设置、信息搜索。
❺ 网页保存、文件下载、历史记录。

实验操作

1. 启动浏览器、浏览网页

① 在"开始"菜单中选择"所有程序"→"Internet Explorer"，或者单击任务栏上的 IE 图标，启动 IE 8 浏览器。

② 启动浏览器后，在地址栏中输入要访问的网址，回车，即可进入被访问的网站。例如，在地址栏中输入 http://www.zjxu.edu.cn，回车后进入嘉兴学院的主页，如图 1-13-1 所示。

③ 在 Windows 7 中，IE 8 可以使用跳转列表的功能，对于以前上过的网站，再次进入时不用输入网址也能进行访问。右击任务栏上的 IE 图标，会出现一个最近访问过的网页列表，这些网页也可以被固定到跳转列表中方便下次访问，如图 1-13-2 所示。

2. 默认设置、显示和隐藏菜单栏

① 单击 IE 8 工具栏的"工具"按钮，选择"Internet 选项"。

② 在窗口的上部单击"程序"选项卡，进入"默认的 Web 浏览器"设置，还可以勾选"如果 Internet Explorer 不是默认的 Web 浏览器，提示我"，单击"确定"按钮，保存更改。

图 1-13-1 IE 8 浏览器界面　　　　　　　　　图 1-13-2 IE 8 自动跳转功能

③ 在默认情况下,"文件"菜单会被隐藏,如果想查看"文件"菜单,只要按 Alt 键即可。

3. 主页设置、收藏夹、清除历史记录

① 单击 IE 8 的"工具"→"Internet 选项",在弹出的对话框中选择"常规"标签。

② 在"主页"中输入主页网址"http://www.zjxu.edu.cn",如图 1-13-3 所示,完成后单击"确定"按钮。

③ 将"嘉兴学院"网站添加到收藏夹中,先访问网站,单击"收藏夹"按钮,再单击"添加到收藏夹",在弹出的对话框中单击"添加"按钮即可。

④ 如果在浏览网页后想要清除历史记录,可以单击工具栏的"安全"按钮,选择"删除浏览的历史记录",在希望删除的项目旁边的复选框上进行勾选,然后单击"删除"按钮即可,如图 1-13-4 所示。

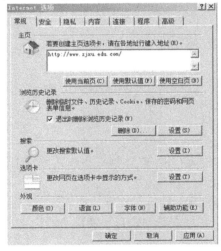
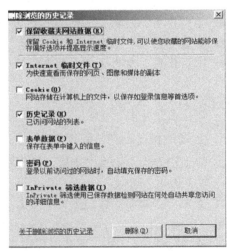

图 1-13-3 IE 8 主页设置　　　　　　　　　图 1-13-4 清除历史记录界面

4. 多媒体设置、信息搜索

为减少下载流量,可以对浏览器进行多媒体设置。操作如下:

① 选择"工具"菜单的"Internet 选项"命令,在出现的对话框中选择"高级"标签(如图 1-13-5 所示),如果使网页中不显示图片,则去掉"显示图片"复选框的勾选,同样可以设置是否要在网页中播放动画、是否播放声音等。

② 在地址栏中输入"http://www.baidu.com",即可进入百度搜索页面,如图 1-13-6 所示。

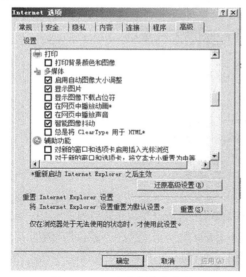

图 1-13-5　网页多媒体设置

图 1-13-6　百度页面

③ 一般搜索时,只要在页面的搜索框内输入搜索关键词,然后回车或单击"百度一下",即可搜索出相应的内容。例如,要搜寻关于"计算机",但不含"电脑"的资料,可使用如图 1-13-7 所示的查询。

图 1-13-7　查询示例

5. 网页保存、文件下载、历史记录

保存浏览过的网页,从网页中下载文件,查看历史记录网页。操作如下:

① 在 IE 浏览时,如果要保存当前浏览的网页内容,选择"文件"菜单的"另存为"命令,在打开的对话框中选择保存路径,输入文件名,并且选择相应的文件类型即可。

例如,要将新浪首页保存成网页,首先在地址栏中输入网址"http://www.sina.com.cn",回车后进入新浪网页,按住 Alt 键显示菜单,选择"文件"菜单的"另存为"命令,显示如图 1-13-8 所示的对话框,从中选定保存的路径(D:\MYDIR 文件夹),在"文件名"文本框中输入"新浪首页",保存类型为"网页,全部",单击"保存"按钮。将网页保存到 D:\MYDIR。如果要保存成文本文件,在"保存类型"中选择"文本文件"即可。

② 进入百度图片网站 http://image.baidu.com,搜索"嘉兴学院"图片,选定一张嘉兴学院的图片,右击选定的图片,在弹出的快捷菜单中选择"图片另存为",在弹出的对话框中选择为 D:\MYDIR 文件夹,命名为"嘉兴学院",单击"保存"按钮,将图片下载到计算机中。

③ 单击下载链接,在出现的对话框中指定好路径及文件名后,单击"保存"按钮即可。

图 1-13-8 保存网页信息

④ 在地址栏中输入"http://www.skycn.com/soft/16427.html",回车后进入 CFree5 的下载网页,单击其中的下载链接,出现如图 1-13-9 所示的对话框,单击"保存"按钮,在出现的对话框的目录中选定为"D:\MYDIR",单击"保存"按钮后即下载到计算机中。

⑤ 打开 IE 8,按下 Alt 键显示菜单,选择菜单"查看"→"浏览器栏"→"历史记录"命令,如图 1-13-10 所示,或者按 Ctrl+H 组合键,就可以在浏览器左边显示历史记录。

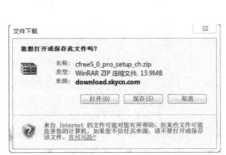

图 1-13-9 保存文件

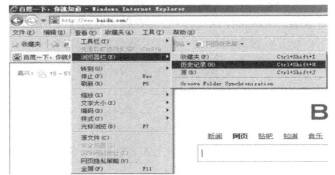

图 1-13-10 查看历史记录

⑥ 历史记录在浏览器的左侧打开之后,就可以选择历史网页,单击查看历史网页,如图 1-13-11 所示。

图 1-13-11 网页历史记录

操作练习

（1）将网易主页设置为 IE 主页。
（2）清空 IE 临时文件及历史记录。
（3）用 IE 的隐私浏览功能浏览网页。
（4）搜索有关"武侠小说"但不包含"古龙"的内容。
（5）在收藏夹中创建"中国高校"文件夹，并将 http://www.zjxu.edu.cn 收藏到此文件夹中，命名为"嘉兴学院"。
（6）设置 IE 选项，使得网页在浏览时不播放视频。
（7）设置 IE 选项，使得浏览网页时不显示图片。

实验 14

用 Dreamweaver 设计和发布站点

实验目的

① 掌握 Dreamweaver CS6 启动和退出的方法。
② 掌握利用 Dreamweaver CS6 建立站点的方法。
③ 掌握利用 Dreamweaver CS6 建立发布站点的方法。
④ 掌握在 Dreamweaver CS6 新建网页和保存网页的方法。
⑤ 掌握网页中文本、图像、表格的使用方法。
⑥ 掌握在网页中创建超链接的操作方法。

实验内容

① Dreamweaver CS6 的启动和退出。
② 建立网站，在网站中添加所需要的网页。
③ 根据要求设计各网页。
④ 发布网站，浏览测试。

实验操作

1. Dreamweaver CS6 的启动和退出

Dreamweaver CS6 启动方式有多种，但一般用得较多的是以下两种。

① 从"开始"菜单中启动。在"开始"菜单中选择"程序"→"Adobe Dreamweaver CS6"进行启动。

② 用快捷方式启动。在桌面上单击 Dreamweaver CS6 的快捷启动图标，即可启动。

退出 Dreamweaver CS6 的方式有很多种，但用得最多的不外乎如下几种。

① 在 Dreamweaver CS6 主窗口的"文件"菜单中选择"退出"命令。
② 在 Dreamweaver CS6 被激活状态下，直接按 Alt+F4 组合键。
③ 单击 Dreamweaver CS6 主窗口左上角的控制菜单图标，从弹出的菜单中选择"关闭"命令，或者直接双击控制菜单图标。

❹ 单击 Dreamweaver CS6 主窗口右上角的"关闭"按钮。

2．建立网站并在网站中添加网页

建立网站的基本步骤一般是先建立网站，然后在网站中添加所需要的网页，并设计主页和其他的页面。下面以新建由 5 个网页组成的我的网站"D:\webs\MyWebSite"来加以说明。

（1）新建网站

新建网站"D:\webs\MyWebSite"，并添加 images 子文件夹，具体操作如下：

① 启动 Dreamweaver CS6，选择"站点"菜单的"新建站点"命令，则弹出"站点设置对象"对话框，如图 1-14-1 所示。

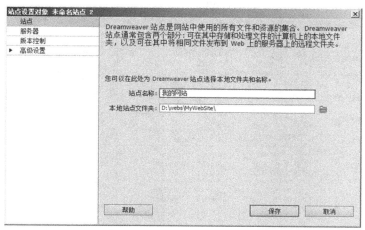

图 1-14-1 "站点设置对象"对话框

② 在站点名称右边的文本框中填入站点名称"我的网站"，在本地站点文件夹中填入"D:\webs\MyWebSite"（也可以指定其他位置）后，单击"保存"按钮，就创建了一个新的站点。但是此时网站只是一个空的文件夹，如图 1-14-2 所示。

图 1-14-2 创建了一个新的站点后的效果

③ 在"文件"面板中选择已经定义的网站，单击右键，在弹出的快捷菜单中选择"新建文件夹"，在文件夹名称框中输入文件夹名字（如 images），则在站点中添加了子文件夹 images。

（2）在网站中添加网页

在新建的空白网站"D:\webs\MyWebSite"中添加 5 个空白页面：主页 index.html、个人简介页 Introduction.html、"我的学校"页 MySchool.html、"我的相册"页 MyAlbums.html 和"我的链接"页 MyLinks.html。具体操作如下：

① 在"文件"面板中选择已经定义的网站，单击右键，在弹出的快捷菜单中选择"新建文件"，输入文件名（如 index.html），则在站点中添加了主页 index.html。

② 选择"文件"菜单的"新建"命令，弹出"新建文档"对话框（如图 1-14-3 所示）；选择一种模板类型，在"页面类型"中选择一种语言（静态页选择 HTML），选择相应的布局，单击"创建"按钮，便创建了一个新的网页。

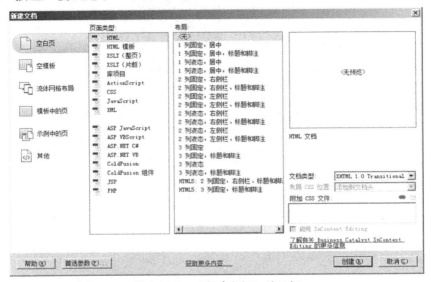

图 1-14-3　"新建文档"对话框

③ 选择"文件"菜单的"保存"命令，或单击"标准"工具栏的"保存"按钮，弹出"另存为"对话框（如图 1-14-4 所示）。选择保存位置为站点根目录，输入文件名 Introduction.html，单击"保存"按钮，则在站点中添加了个人简介页 Introduction.html。

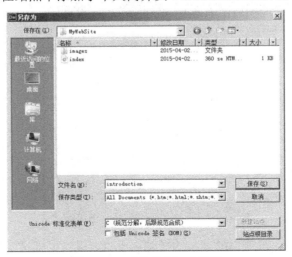

图 1-14-4　"另存为"对话框

④ 同上操作，在站点中新建"我的学校"页 MySchool.html、"我的相册"页 MyAlbums.html、"我的链接"页 MyLinks.html。

完成以上步骤，就创建了一个由 5 个空白页组成的网站"D:\webs\MyWebSite"，完成的效果如图 1-14-5 所示。

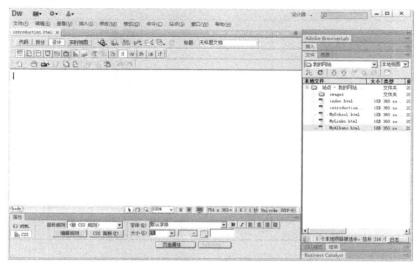

图 1-14-5　完成了网站架构的网站

3. 设计网站各页面

详细设计网站中的页面是创建网站的关键步骤，网页布局是否合理，图片文字搭配是否得当，直接关系到网站的表现力，其中主页的设计更重要。下面通过详细的介绍主页 index.html 的设计过程来学习网页设计的基本技能。

（1）设计主页 index.html

主页 index.html 主要包括顶部的网站导航、中部的信息和底部的版权联系信息三部分，具体操作如下：

① 修改标题。双击文件面板中的 index.html 文件，单击属性面板中的"页面属性"按钮，打开"页面属性"对话框，选择"分类"下的"标题/编码"项，将网页的标题修改为"个人小站首页"，如图 1-14-6 所示。

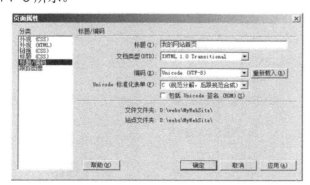

图 1-14-6　"页面属性"对话框

② 添加网站 logo 图片。切换到"设计"视图模式，选择"插入"菜单的"图像"命令，弹出"选择图像源文件"对话框（如图 1-14-7 所示）；选择 images 下的 log.png 文件，单

击"确定"按钮,弹出如图 1-14-8 所示的对话框,在"替换文本"文本框中输入"log",详细说明中输入"index.html",单击"确定"按钮,则添加了 logo 图片到主页中。

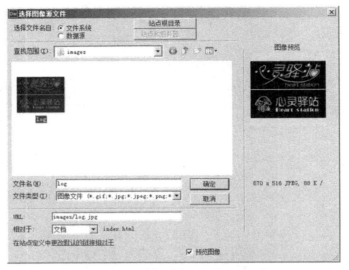

图 1-14-7 "选择图像源文件"对话框

图 1-14-8 "图像标签辅助功能属性"对话框

③ 设置图片链接。单击图片,在"属性"面板的"链接"文本框中输入"index.html",在"目标"列表框中选择"_self",则为 logo 图片添加了默认链接,如图 1-14-9 所示。

图 1-14-9 图像属性面板

④ 添加导航栏。在图片右边输入文字"个人简介",选中文字,选择"插入"菜单的"超链接"命令,弹出如图 1-14-10 所示的对话框,在"链接"文本框中输入"introduction.html",在"目标"列表框中选择"_self",单击"确定"按钮。

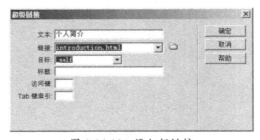

图 1-14-10 添加超链接

⑤ 采用同样的方法添加其他页面导航按钮。

⑥ 设计首页正文。单击"插入面板"的"常用"组中的"水平线"命令，插入水平线，按 Enter 键后，输入以下文字：

喜欢简单，因为它能让我保持孩提时代的纯真；因为简单，身边相交的都是淡静、思想纯白的好友，没有勾心斗角，不会尔虞我诈，更不会人心两面。

将"我的网站首页"字体设置为宋体、六号，将其他文字字体设置为隶书、五号。

⑦ 插入心情图片。输入"我的心情"，选择"插入"菜单的"图像对象"→"鼠标经过图像"命令，弹出如图 1-14-11 所示的对话框；在"图像名称"文本框中输入"心情"；单击原始图像右边的"浏览"按钮，在弹出的对话框中选择 images 文件夹下的"心情 1.jpg"图片，如图 1-14-12 所示；单击鼠标经过图像右边的"浏览"按钮，在弹出的"鼠标经过图像"对话框中选择 images 文件夹下的"心情 2.jpg"图片，如图 1-14-13 所示；在替换文本文本框中填入"我的心情"，单击"确定"按钮，则添加了一个鼠标经过会改变的心情图片。

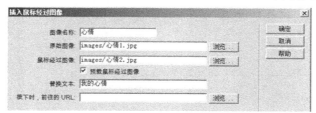

图 1-14-11 "插入鼠标经过图像"对话框

图 1-14-12 "原始图像"对话框

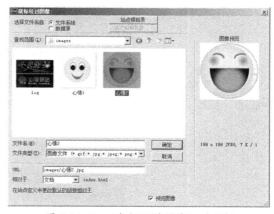

图 1-14-13 "鼠标经过图像"对话框

⑧ 设计网页底部。单击"插入面板"的"常用"组中的"水平线"命令，插入水平线，按 Enter 键后，输入以下文字：

Copyright © 2014 嘉兴学院

我的邮件：yepeisong@sina.com

选中"yepeisong@sina.com"，选择"插入"菜单的"电子邮件链接"命令，弹出"电子邮件链接"对话框，如图 1-14-14 所示，单击"确定"按钮。

现在主页设计完成，设计后的效果如图 1-14-15 所示。

（2）设计其他网页

设计其他网页，包括设计个人简介页 Introduction.html、"我的学校"页 MySchool.html、"我的相册"页 MyAlbums.html 和"我的链接"页 MyLinks.html，具体操作如下。

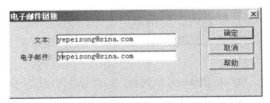

图 1-14-14 "电子邮件链接"对话框

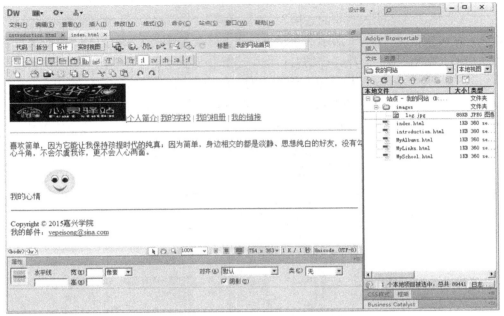

图 1-14-15 网站主页设计效果图

① 打开 Introduction.html，将网页的标题修改为"个人简介"，参照图 1-14-16 添加一个表格，根据自己的信息自行设计页面的内容。

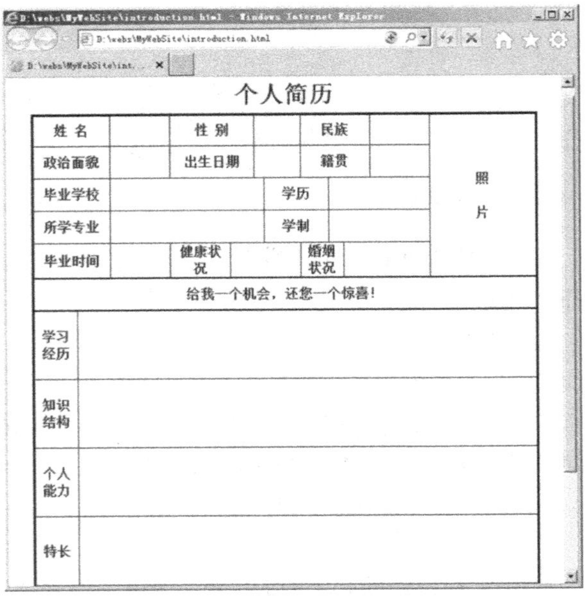

图 1-14-16 "个人简介"页面参考图

② 打开 MySchool.html，将网页的标题修改为"我的学校"，参照图 1-14-17 自行设计页面的内容。

图 1-14-17 "我的学校"页面参考图

③ 打开 MyAlbums.html，将网页的标题修改为"我的相册"，自行设计页面内容。

④ 打开 MyLinks.html，将网页的标题修改为"我的链接"，参考导航网站（如 http://hao.360.cn/），将自己常用的网站添加到"我的链接"页。

⑤ 保存所有页面，现在就设计完成了一个包括 5 个页面的个人站点。

4．发布站点

网站做好之后要发布到网络上，才能被人从网络上搜索看到。发布网站一般需要域名空间来存放网站文件，空间服务商会提供 FTP 服务器地址、用户名和密码。如果没有域名空间也可以采用"本地/网络"的形式进行测试。发布"我的网站"的操作如下。

① 双击"文件"属性面板的"我的网站"，打开"站点设置对象"对话框，如图 1-14-18 所示。

图 1-14-18 "站点设置对象"对话框

② 选择"服务器",单击"添加新服务器"按钮,弹出"服务器设置"对话框,如图1-14-19所示。如果有 FTP 服务器,输入 FTP 服务器地址、用户名和密码,单击"确定"按钮,添加远程服务器。(也可以选择"本地/网络"的连接方法,在本地测试。)

③ 单击"文件"属性面板的"向远程服务器上传文件"按钮,如图1-14-20所示,就可以将网站发布到服务器上。

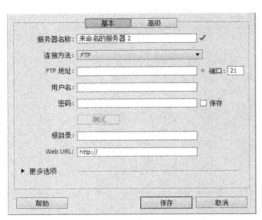
图1-14-19 "服务器设置"对话框

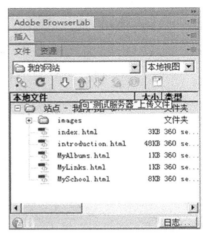
图1-14-20 发布网站操作

操作练习

设计一个个人求职站点,具体要求如下。

(1)包括主页 index.html、我的简历 jianli.html、联系我 lianxi.html、求职信 qiuzhi.html 四个页面。

(2)"主页"设计一张图片,在图片上添加到其他各页面的超链接。

(3)"我的简历"页面的具体内容可以根据自己情况进行修改。

(4)"联系我"页面中要求包含一个邮件链接。

(5)"求职信"页面中应注意求职信的格式设计。

实验 15

利用表格和框架进行页面布局设计

实验目的

❶ 掌握利用 Dreamweaver CS6 的表格进行网页布局设计的方法。
❷ 掌握利用 Dreamweaver CS6 的框架技术进行网页布局设计的方法。

实验内容

❶ 利用框架对个人站点网站重新进行设计。
❶ 利用表格对个人站点网站重新进行设计。

实验操作

1. 利用框架设计网页布局

下面利用框架技术重新设计实验 14 中的"我的网站",将主页拆分为上、中、下三部分,分别为 top.html、middle.html 和 bottom.html,使得浏览"个人简介"和"我的学校"等页面时都能看到导航栏和底部版权联系信息。具体操作如下:

① 新建站点。启动 Dreamweaver CS6,选择"站点"菜单的"新建站点"命令,弹出"站点设置对象"对话框(如图 1-15-1 所示);在"站点名称"的文本框中输入"框架网页",在"本地站点文件夹"中输入"D:\webs\myFrameSite"(也可以指定其他位置),单击"保持"按钮,就创建了一个新的站点。

② 设计网页 top.html、middle.html、bottom.html。在站点中添加网页文件并打开,如图 1-15-2 所示。参照实验 14 中的设计主页 index.html 步骤设计 top.html、middle.html、bottom.html,分别如图 1-15-3~图 1-15-5 所示。

③ 添加其他网页。参照实验 14,在网站中添加网页"个人简介" introduction.html、"我的学校" MySchool.html、"我的相册" MyAbums.html、"我的链接" MyLinks.html。自己设计各页面并保存(也可以直接将实验 14 中的相应页面复制过来)。

④ 创建框架主页。选中"窗口"菜单的"框架"命令,显示框架面板。打开主页 top.html 页,选择"修改"菜单的"框架集"→"拆分上框架"命令,出现如图 1-15-6 的效果。将光

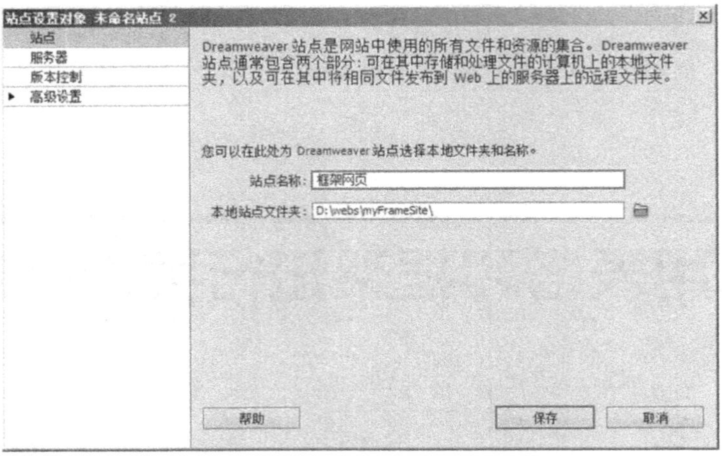

图 1-15-1 "站点设置对象"对话框

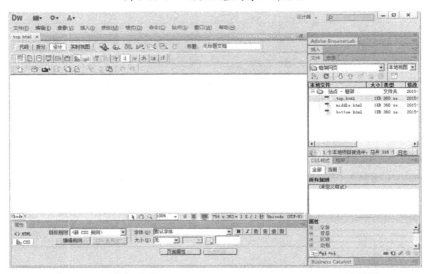

图 1-15-2 添加网页 top.html、middle.html、bottom.html 后效果

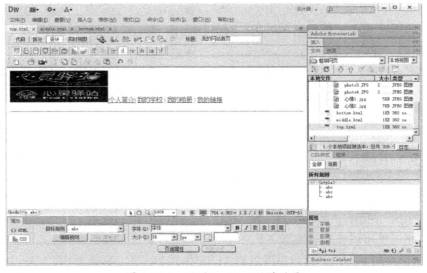

图 1-15-3 网页 top.html 设计效果

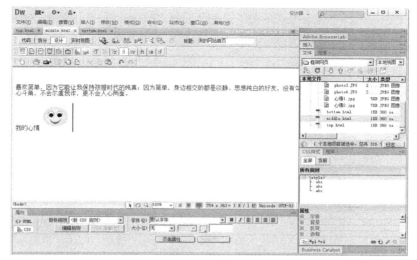

图 1-15-4 网页 middle.html 设计效果

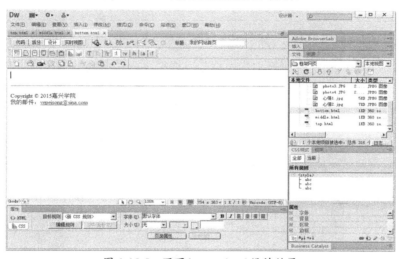

图 1-15-5 网页 bottom.html 设计效果

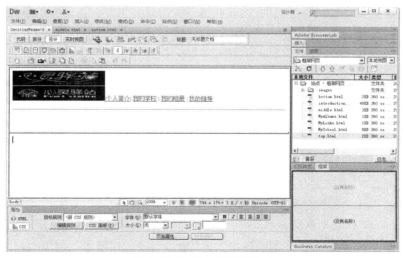

图 1-15-6 拆分框架效果-1

标定位到下框架中,选择"修改"菜单的"框架集"→"拆分上框架"命令,出现如图 1-15-7 的效果,是典型的上中下网页布局形式。

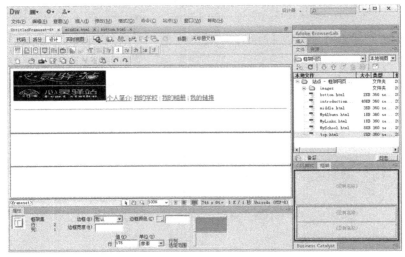

图 1-15-7　拆分框架效果-2

⑤ 设置框架属性。在框架面板中选中框架,在属性面板中修改框架属性,如图 1-15-8 所示,分别将上中下框架名称修改为 mytop、myMiddle、mybottom。源文件分别设为 top.html、middle.html、bottom.html。

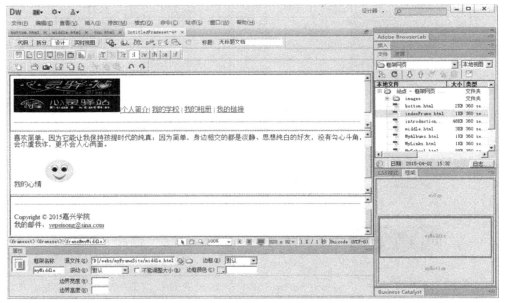

图 1-15-8　框架属性设置

⑥ 保存框架集。单击保存按钮,将框架集保存为 indexFrame.html。

⑦ 修改 top.html 中导航链接的目标框架,默认在 myMiddle 中打开。方法是,选中超链接,选择"修改"菜单的"链接目标"→"myMiddle"命令,如图 1-15-9 所示。

⑧ 在浏览器中或是发布后查看网站,效果如图 1-15-10 所示。网页上、中、下分别是三个独立的网页,有各自的滚动条。

图 1-15-9 修改导航链接的目标框架

图 1-15-10 框架网页浏览效果

2．利用表格设计网页布局

利用表格设计网页布局就是利用表格设计网页布局，以对"我的网站"进行修改设计为例进行学习，具体操作如下：

① 新建站点。启动 Dreamweaver CS6，选择"站点"菜单的"新建站点"命令，弹出"站点设置对象"对话框（见图 1-14-1）。在"站点名称"文本框中输入站点名称"表格网页布局"，在"本地站点文件夹"中输入"D:\webs\myTableSite"（也可以指定其他位置），单击"保存"按钮，就创建了一个新的站点。

② 在站点中添加主页文件 index.html 并打开，选择"插入"菜单的"表格"命令，弹出"表格"对话框，如图 1-15-11 所示；将行设为 3、列设为 1，表格宽度为 100%，边框为 0，单击"确定"按钮，则添加了一个三行一列的表格。

实验部分 ▶▶▶ 125

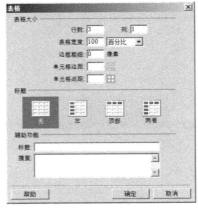

图 1-15-11 "表格"对话框

③ 调整单元格高度,将网页 top.html、middle.html、bottom.html 依次复制到表格的三行中,这样就完成了主页的设计,效果如图 1-15-12 所示。

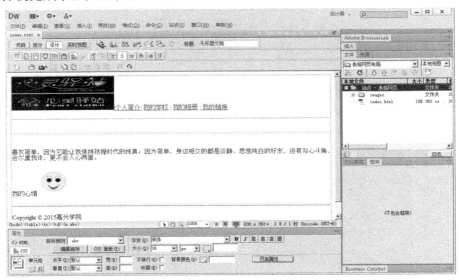

图 1-15-12 表格网页布局首页设计图

④ 将主页的内容区替换为"个人简介"页面内容,并将网页另存为 Introduction.html。
⑤ 将主页的内容区替换为"我的学校"页面内容,并将网页另存为 MySchool。
⑥ 将主页的内容区替换为"我的相册"页面内容,并将网页另存为 MyAbums.html。
⑦ 将主页的内容区替换为"我的链接"页面内容,并将网页另存为 MyLinks.html。
⑧ 利用表格布局的网站完成,可发布或浏览效果。

操作练习

(1)在实验 14 的操作练习中设计的个人求职站点中添加一个导航页 top.html 和一个版权声明页 bottom.html,并利用框架对站点重新布局,发布和测试站点。

(2)将实验 14 的操作练习中设计的个人求职站点按表格的形式重新设计,并发布和测试站点。

实验 16

Outlook 2010 基本操作

实验目的

❶ 使用免费或收费电子邮箱。
❷ 了解 Outlook 2010 的邮件账号的属性。
❸ 掌握 Outlook 2010 中电子邮件的撰写、发送、接收、阅读和处理。
❹ 掌握 Outlook 2010 的选项设置。

实验内容

（1）申请电子邮箱。到知名网站（如 www.sina.com.cn 或者 www.163.com 等）申请一个免费电子邮箱，其中用户名和密码自己定。

（2）建立 Outlook 2010 邮件账号。根据前面申请好的电子邮箱，建立 Outlook 2010 邮件账号。

（3）发送邮件。根据 Outlook 2010 邮件账号，给朋友和自己发一封祝贺新年邮件，内容自定。

（4）接收邮件。使用 Outlook 2010 邮件账号，打开收件箱，接收邮件。

（5）回复邮件。对朋友或自己发来的信进行回复邮件，内容自定。

（6）Outlook 2010 提供了很多漂亮的信纸，可以在写电子邮件前随意挑选。请应用信纸给自己发封信。

（7）在 Outlook 2010 中设置"写邮件时自动加入电子签名"。

（8）在 Outlook 2010 中设置"已读"回执。

（9）在 Outlook 2010 中设置"回复邮件时不含原邮件"。

实验操作

1．账号和邮箱

（1）申请电子邮箱

在使用 Outlook 2010 发送邮件前，需要先申请电子邮箱，然后设置电子邮件账号。申请电子邮箱的步骤如下。

① 打开浏览器 IE（Internet Explorer），输入网址 http://mail.163.com，打开如图 1-16-1 所示的页面，单击"注册"按钮。

② 在出现的注册网易免费邮箱的窗口（如图 1-16-2 所示）中输入用户名和密码，单击"注册"按钮。当出现注册成功时，说明电子邮箱申请成功。

图 1-16-1　网易邮箱的窗口　　　　　图 1-16-2　注册网易免费邮箱窗口

记下输入的用户名和密码，并记住邮箱地址。邮箱地址由三部分组成"用户名@邮件服务器"，如"lixiaomei2_2014@163.com"。

也可以换成 http://mail.sina.com.cn，申请免费邮箱。

③ 邮箱申请完成后，直接登录进入邮箱。当注册成功电子邮箱后，一定要记住用户名和登录邮箱的密码。

④ 邮箱的使用。请给老师发一封信，并且这封信同时发送给自己。

　　收件人：laoshi_2014@163.com
　　主题：姓名+学号+班级
　　正文内容：好电影简介

（2）建立 Outlook 2010 邮件账号

用户可以根据 Outlook 2010 的连接向导程序快速添加自己的邮件账户。当第一次启动 Outlook 2010 时，系统会自动打开"Outlook 2010 启动"对话框，提示用户添加邮件账户，具体操作如下。

① 在"开始"菜单中选择"程序"→"Microsoft Office 2010"→"Microsoft Office Outlook"，启动 Outlook 2010。

② 在出现的"Microsoft Outlook 2010 启动"对话框中单击"下一步"按钮，如图 1-16-3 所示。

③ 在"账户配置"对话框中选中"是"单选按钮，然后单击"下一步"按钮，如图 1-16-4 所示。

④ 弹出如图 1-16-5 所示的对话框，选中"电子邮件账户"单选按钮，在下面的文本框中输入相关信息。如在"您的姓名"文本框中输入"李小梅"（这是给收信人看的，可以填写真实的姓名，也可以另取一个自己喜欢的名字），在"电子邮件地址"文本框中输入真实的地址，如"lixiaomei2_2014@163.com"，再输入密码。最后单击"下一步"按钮。

⑤ 进入"正在配置"窗口，等待自动设置结束，如图 1-16-6 所示。

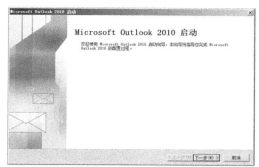
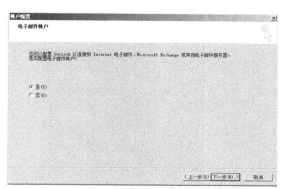

图 1-16-3　Microsoft Outlook 2010 启动　　　　图 1-16-4　账户配置窗口

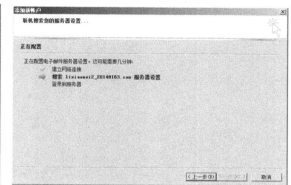

图 1-16-5　添加新账户　　　　　　　　　　图 1-16-6　自动配置

⑥ 配置成功后，显示如图 1-16-7 所示的对话框，单击"完成"按钮。

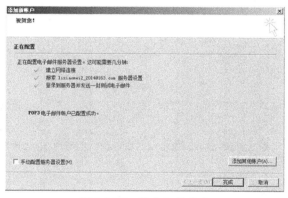

图 1-16-7　账户配置完成

2．收发邮件

（1）发送邮件

在 Outlook 2010 中有了账户，就可以撰写与发送电子邮件，具体操作如下。

① 在 Outlook 2010 左下角的任务窗格中单击"邮件"按钮，显示如图 1-16-8 所示。

② 在"开始"选项卡的"新建"组中单击"新建电子邮件"按钮，进入邮件编辑界面，如图 1-16-9 所示。

③ 单击"收件人"按钮，可以调用联系人（如图 1-16-10 所示），或者手动输入收件人邮箱地址，在"抄送"栏中写上自己的邮件地址"lixiaomei2_2014@163.com"，然后单击"确

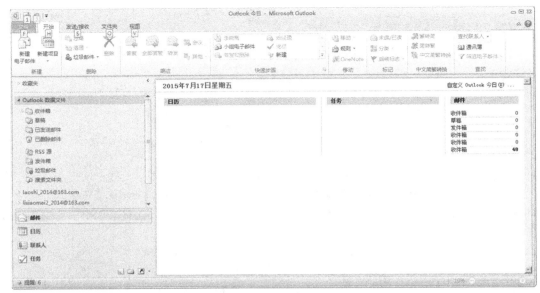

图 1-16-8 Outlook 数据文件窗口

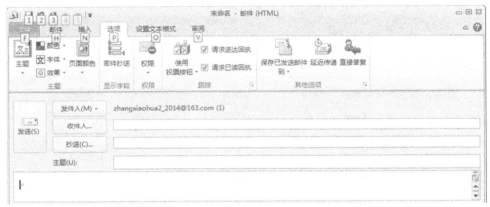

图 1-16-9 邮件编辑界面

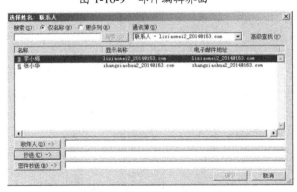

图 1-16-10 联系人界面

定"按钮。在第一次发信时,最好给自己发一份,可以检查我们的邮箱是否可以正确地收信。

④ 输入邮件主题和邮件内容。信的"主题"是让收信人能快速地了解这封信的大意,如"新年快乐"。信的正文就写在下面的空白处,内容自定,如图 1-16-11 所示。编辑完成后,单击"发送"按钮即可。

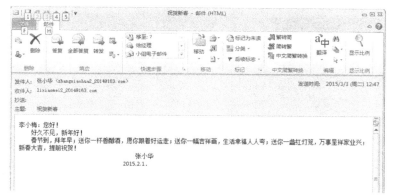

图 1-16-11　撰写邮件正文

（2）接收邮件

启动 Outlook 2010 时，系统将自动接收邮件。收到电子邮件后，用户可以在收件箱中阅读到邮件。用户有多个邮箱时，用 Outlook 可以方便地查看每个收件箱的邮件。具体操作如下。

① 在 Outlook 2010 界面中单击"Outlook 数据文件"，然后单击界面右边的"自定义 Outlook 今日"，弹出在"自定义 Outlook 今日"对话框，如图 1-16-12 所示。

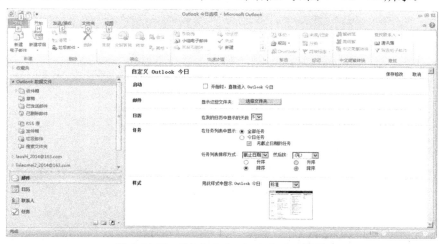

图 1-16-12　"自定义 Outlook 今日"设置

② 单击"选择文件夹"按钮，在弹出的对话框（如图 1-16-13 所示）中勾选"收件箱"复选框，可以选多个，然后单击"确定"按钮。

③ 单击左侧窗格的"Outlook 数据文件"，看到右边"邮件"下面列出了所有"收件箱"，双击"收件箱"，可以查看邮件内容，如图 1-16-14 所示。

④ 左窗格的"收件箱"旁边标出了蓝色的"25"，如图 1-16-15 所示，说明收到 25 封新邮件。

⑤ 在中间窗格中可以看到信箱里的信，刚收到的信的标题都以粗体显示，表示这封信还没有阅读。

⑥ 在右窗格中可以看到这封信的内容。

图 1-16-13　选择文件夹

⑦ 如果用户想仔细阅读这封信，可以双击中间窗格的某封信，就可以看到信的具体内容。

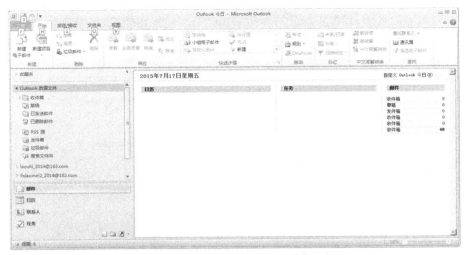

图 1-16-14　Outlook 数据文件窗口

图 1-16-15　收件箱窗口

(3) 回复邮件

Outlook 2010 提供了方便的回复方式。在阅读完邮件内容后，可以根据邮件内容答复发件人或将该邮件转发给其他人，具体操作如下。

① 在 Outlook 2010 的收件箱中双击需要查看的邮件。

② 打开邮件后，单击"答复"或者"转发"按钮，如图 1-16-16 所示。

图 1-16-16　查看邮件

③ 光标将停在信纸的最上方，撰写邮件的内容，如图 1-16-17 所示，再单击工具栏的"发

送"按钮，信就"寄"出去了。注意：信的后面自动引用了原信的内容，并在原信上边有一条黑色细线标出。

图 1-16-17 答复邮件

3．Outlook 2010 选项设置

（1）撰写邮件时更改信纸。

在默认情况下，撰写邮件时的信纸是白色的，但可以更改信纸的颜色、背景、字体和样式。具体操作如下。

① 选择"文件"菜单的"选项"命令，打开"Outlook 选项"对话框。

② 单击左窗格中的"邮件"，在右窗格中找到"撰写邮件"（如图 1-16-18 所示），单击其中的"信纸和字体…"按钮。

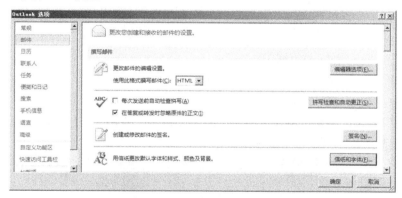

图 1-16-18 Outlook 选项设置

③ 弹出"签名和信纸"对话框，在"个人信纸"选项卡（如图 1-16-19 所示）中单击"主题"按钮。

④ 在"主题和信纸"窗口中选择其中的某种信纸样式，当用户需要撰写电子邮件时，将显示该信纸样式。

（2）设置电子签名。

通常，撰写的邮件的最后需要加上名字。用户可以先设好电子签名，撰写邮件时电子签名会自动加入。具体操作如下。

① 选择"文件"菜单的"选项"命令，打开"Outlook 选项"对话框。

② 单击左窗格中的"邮件"，在右窗格中找到"撰写邮件"，单击其中的"签名"按钮。

③ 弹出"签名和信纸"对话框，在"电子邮件签名"选项卡中单击"新建"按钮。

④ 弹出"新签名"对话框（如图 1-16-20 所示），输入名称，如"李晓梅"。

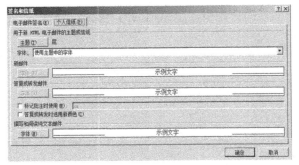

图 1-16-19 "签名和信纸"对话框　　　　图 1-16-20 "新签名"对话框

（6）在"签名和信纸"窗口，下面空白处输入李晓梅的签名内容，可以写上她的单位和电话，如图 1-16-21 所示。当用户需要撰写电子邮件时，将会自动插入签名。

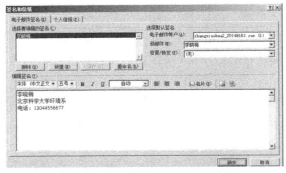

图 1-16-21 "签名和信纸"对话框

（3）设置"已读"回执。具体操作如下。

① 选择"文件"菜单的"选项"命令，在打开的"Outlook 选项"窗口中单击左窗格中的"邮件"。

② 在右窗格找到"跟踪"，选中的"已读"回执按钮，如图 1-16-22 所示。当用户发送电子邮件时，系统会自动跟踪，给出"已读"回执。

图 1-16-22 "Outlook 选项"设置-1

（4）设置回复邮件时不含原邮件。具体操作如下。

① 选择"文件"菜单的"选项"命令，在"Outlook 选项"窗口左窗格中选择"邮件"，如图 1-16-23 所示。

图 1-16-23　"Outlook 选项"设置-2

② 在右窗格中找到"答复和转发"，在其中的"答复邮件时"下拉选项中选择"不包含邮件原件"，然后单击"确定"按钮，如图 1-16-24 所示。

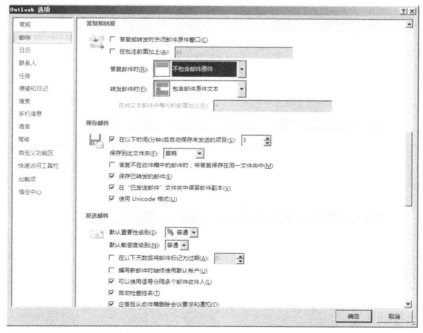

图 1-16-24　"Outlook 选项"设置-3

操作练习

(1) 使用 Outlook 2010 中的邮件账户,给您的老师 "laoshi_2014@163.com" 写封主题为 "教师节快乐!" 的邮件,邮件内容自定义,同时发给自己。

(2) 使用 Outlook 2010 好友 "zhangxiaohua2_2014@163.com" 写一封主题为 "I miss you" 的邮件。邮件内容不要太多,创建一个大小为 90×40 像素左右、内容任意、文件名为 "JF.bmp" 的图像文件,作为附件添加到邮件中;同时抄送给自己。

(3) 进入 Outlook 2010 的选项界面,并进行如下设置:

❶ 启动时直接转到 "收件箱" 文件夹。
❷ 每次发送前自动检查拼写。
❸ 新邮件到达时不要发出声音。
❹ 每隔 10 分钟检查一次新邮件。

设置完后,单击 "确定" 按钮,退出设置界面。

习题部分

第 1 章　计算机基础知识
第 2 章　操作系统 Windows 7
第 3 章　文字处理软件 Word 2010
第 4 章　电子表格处理软件 Excel 2010
第 5 章　演示文稿制作软件 PowerPoint 2010
第 6 章　计算机网络基础
第 7 章　网页制作基础

第1章

计算机基础知识

1. 在计算机中常用的数制是_____。
   A. 二进制
   B. 十六进制
   C. 八进制
   D. 十进制
2. 软磁盘和硬磁盘都是_____。
   A. 计算机的外存储器
   B. 备用存储器
   C. 计算机的内存储器
   D. 海量存储器
3. 在微型计算机系统中,微处理器又被称为_____。
   A. RAM
   B. ROM
   C. CPU
   D. VGA
4. 下面4个数中最小的是_____。
   A. $(217)_{10}$
   B. $(332)_8$
   C. $(DB)_{16}$
   D. $(11011100)_2$
5. 对一片处于写保护状态的SD卡_____。
   A. 只能进行存数操作而不能进行取数操作
   B. 不能将其格式化
   C. 可以清除其中的计算机病毒
   D. 可删除其中的文件但不能更改文件名
6. 操作系统是_____。
   A. 计算软件
   B. 应用软件
   C. 系统软件
   D. 字表处理软件
7. 在计算机内部用来传送、存储、加工处理的数据或指令都是以_____形式来进行的。
   A. BASIC
   B. 二进制
   C. 五笔字型
   D. 十进制
8. 在微型计算机中,将运算器和控制器集成在一块大规模或超大规模集成电路芯片上,称之为_____。
   A. 运算处理单元
   B. 微型计算机系统
   C. 主机
   D. 微处理器
9. 在计算机中信息的最小单位是_____。
   A. 位
   B. 字节
   C. 字
   D. 字长
10. 操作系统是对计算机系统的硬件和软件资源进行管理和控制的程序,是_____的接口。
    A. 主机与外设
    B. 源程序和目标程序

C. 用户和计算机　　　　　　　　　　D. 硬件和软件
11. 计算机的硬件系统由_____各部分组成。
A. 控制器、显示器、打印机、主机、键盘
B. 控制器、运算器、存储器、输入输出设备
C. CPU、主机、显示器、打印机、硬盘、键盘
D. 主机箱、集成块、显示器、电源、键盘
12. 下列软件中，属于应用软件的是_____。
A. Word 2000　　　　　　　　　　B. DOS
C. Windows 2000　　　　　　　　 D. UNIX
13. 在微型计算机系统中，鼠标属于_____。
A. 控制器　　　　　　　　　　　　B. 存储设备
C. 输出设备　　　　　　　　　　　D. 输入设备
14. 在计算机术语中经常用 RAM 表示_____。
A. 随机存取存储器　　　　　　　　B. 可编程只读存储器
C. 动态随机存储器　　　　　　　　D. 只读存储
15. 通常用后缀字母来标识某数的进位制，字母 B 代表_____。
A. 十六进制　　　　　　　　　　　B. 十进制
C. 八进制　　　　　　　　　　　　D. 二进制
16. 从 1946 年第一台计算机诞生算起，计算机的发展至今已经历了_____4代。
A. 组装机、兼容机、品牌机、原装机
B. 低档计算机、中档计算机、高档计算机、手提计算机
C. 微型计算机、小型计算机、中型计算机、大型计算机
D. 电子管计算机、晶体管计算机、集成电路计算机、大规模集成电路计算机
17. 在微型计算机系统中，视频适配器为_____。
A. CPU　　　　　　　　　　　　　B. ROM
C. VGA　　　　　　　　　　　　　D. RAM
18. 计算机辅助教学简称_____。
A. CAI　　　　　　　　　　　　　B. CAD
C. CAS　　　　　　　　　　　　　D. CAM
19. 无论在显示器上显示的是文字、数字还是图形，显示器总是用_____来构成其内容。
A. 圆点　　　　　　　　　　　　　B. 栅格
C. 像素　　　　　　　　　　　　　D. 块
20. 扩展键盘上的小键盘区既可当光标键移动光标，也可作为数字输入键，在二者之间切换的命令键是_____。
A. CTRL　　　　　　　　　　　　 B. KEYLOCK
C. NUMLOCK　　　　　　　　　　 D. CAPSLOCK
21. 计算机从其诞生至今已经经历了 4 代，这种对计算机划分的原则是根据_____。
A. 计算机的存储量　　　　　　　　B. 计算机的运算速度
C. 程序设计语言　　　　　　　　　D. 计算机所采用的电子元件
22. CPU 的主要技术性能指标有_____。

A．字长、运算速度和时钟主频　　　　　　B．可靠性和精度
C．耗电量和效率　　　　　　　　　　　　D．冷却效率

23．计算机术语中的 IT 表示_____。
A．信息技术　　　　　　　　　　　　　　B．计算机辅助设计
C．因特网　　　　　　　　　　　　　　　D．网络

24．下列_____不属于计算机内部采用二进制的好处。
A．便于硬件的物理实现　　　　　　　　　B．运算规则简单
C．可用较少的位数表示大数　　　　　　　D．可简化计算机结构

25．磁盘经过高级格式化后，其表面形成多个不同半径的同心圆，这些同心圆称为_____。
A．磁道　　　　　　　　　　　　　　　　B．扇区
C．族　　　　　　　　　　　　　　　　　D．磁面

26．计算机最初被发明是为了_____。
A．过程控制　　　　　　　　　　　　　　B．信息处理
C．计算机辅助制造　　　　　　　　　　　D．科学计算

27．世界上公认的第一台计算机_____诞生的。
A．1846 年　　　　　　　　　　　　　　B．1864 年
C．1946 年　　　　　　　　　　　　　　D．1964 年

28．下列设备中，输出效果最好的设备是_____。
A．针式打印机　　　　　　　　　　　　　B．激光打印机
C．喷墨打印机　　　　　　　　　　　　　D．行式打印机

29．计算机中指令的执行主要由_____完成。
A．存储器　　　　　　　　　　　　　　　B．控制器
C．CPU　　　　　　　　　　　　　　　　D．总线

30．具有多媒体功能的微型计算机系统中，常用的 CD-ROM 是_____。
A．只读型大容量软盘　　　　　　　　　　B．只读型光盘
C．只读型硬盘　　　　　　　　　　　　　D．半导体只读存储器

31．第 3 代电子计算机使用的电子元件是_____。
A．晶体管　　　　　　　　　　　　　　　B．电子管
C．中、小规模集成电路　　　　　　　　　D．大规模和超大规模集成电路

32．微型计算机最常用的输入设备和输出设备是_____。
A．显示器和打印机　　　　　　　　　　　B．键盘和鼠标
C．打印机和鼠标　　　　　　　　　　　　D．键盘和显示器

33．汉字国标码规定的汉字编码中，每个汉字用_____字节表示。
A．1　　　　　　　　　　　　　　　　　B．2
C．3　　　　　　　　　　　　　　　　　D．4

34．ROM 是计算机的_____。
A．高速存储器　　　　　　　　　　　　　B．随机存储器
C．外部存储器　　　　　　　　　　　　　D．只读存储器

35．计算机网络的应用越来越普遍，其最大好处是_____。
A．节省人力　　　　　　　　　　　　　　B．存储容量扩大

C. 可实现资源共享 D. 使信息存取速度提高

36. 下列关于硬件系统的说法中，错误的是_____。
A. 键盘、鼠标、显示器等都是硬件
B. 硬件系统不包括存储器
C. 硬件是指物理上存在的机器部件
D. 硬件系统包括运算器、控制器、存储器、输入设备和输出设备

37. 目前，国际上广泛采用的字符编码是_____。
A. 五笔字型码 B. 区位码
C. 国际码 D. ASCII

38. 下列叙述中，正确的是_____。
A. 把数据从硬盘上传送到内存的操作称为输出
B. WPS Office 2003 是一个国产的系统软件
C. 扫描仪属于输出设备
D. 将高级语言编写的源程序转换成为机器语言的程序叫编译程序

39. 人们常说的微型计算机简称_____。
A. PC B. IT
C. Windows D. MS

40. 硬盘是_____的一种。
A. 内存储器 B. 外存储器
C. 主机 D. 接口电路

41. 1983 年，我国第一台亿次巨型电子计算机诞生了，它的名称是_____。
A. 东方红 B. 神威
C. 曙光 D. 银河

42. 下列关于 USB 移动硬盘优点的说法中，有误的是_____。
A. 存取速度快
B. 容量大、体积小
C. 盘片的使用寿命比软盘的长
D. 在 Windows 2000 下，需要驱动程序，不可以直接热插拔

43. 下列关于计算机病毒的叙述中，正确的选项是_____。
A. 计算机病毒只感染 EXE 或 COM 文件
B. 计算机病毒可以通过读写 U 盘、光盘或网络进行传播
C. 计算机病毒是通过电力网进行传播的
D. 计算机病毒是由于软盘片表面不清洁而造成的。

44. 光盘属于_____。
A. 内部存储器 B. 外部存储器
C. 只读存储器 D. 高速缓冲存储器

45. 下列术语中，属于显示器性能指标的是_____。
A. 速度 B. 可靠性
C. 分辨率 D. 精度

46. 计算机向使用者传递计算、处理结果的设备称为_____。

A．输入设备 B．输出设备
C．存储设备 D．微处理器

47．下列关于软件的叙述中，错误的是_____。

A．计算机软件系统由程序和相应的文档资料组成

B．Windows 操作系统是最常用的系统软件之一

C．Word 2000 就是应用软件之一

D．软件具有知识产权，不可以随便复制使用的

48．通常所说的 300GB 硬盘中的 300GB 指的是_____。

A．厂家代号 B．商标号
C．磁盘编号 D．磁盘容量

49．1MB 等于_____KB。

A．1024 B．1000
C．10X10 D．10

50．计算机的应用领域可大致分为 6 方面，下列选项中属于这几项的是_____。

A．计算机辅助教学、专家系统、人工智能

B．工程计算机、数据结构、文字处理

C．实时控制、科学计算、数据处理

D．数值处理、人工智能、操作系统

参考答案

第 2 章

操作系统 Windows 7

1. 以下不属于操作系统的主要功能的是_____。
   A．作业管理　　　　　　　　B．存储器管理
   C．处理器管理　　　　　　　　D．文档编辑
2. 下列操作系统不是微软公司开发的是_____。
   A．Windows Server 2012　　　B．Windows 7
   C．UNIX　　　　　　　　　　D．Windows XP
3. Windows 7 目前有_____版本。
   A．4　　　　　　　　　　　　B．3
   C．5　　　　　　　　　　　　D．6
4. Windows 7 有 3 种类型的账户，以下_____不是其账户。
   A．来宾账户　　　　　　　　　B．标准账户
   C．管理员账户　　　　　　　　D．高级账户
5. 要 Windows 7 动态显示桌面上所有打开的三维堆叠视图的窗口，应按_____快捷键。
   A．Win+Tab　　　　　　　　　B．Win+空格
   C．Win+Alt　　　　　　　　　D．Ctrl+Alt
6. 主题是计算机上的图片、颜色和声音的组合，不包括_____。
   A．桌面背景　　　　　　　　　B．屏幕保护程序
   C．窗口边框颜色　　　　　　　D．动画方案
7. 同时选择某一目标位置下全部文件和文件夹的快捷键是_____。
   A．Ctrl+V　　　　　　　　　　B．Ctrl+A
   C．Ctrl+X　　　　　　　　　　D．Ctrl+C
8. 下列设置不是 Windows 7 中的个性化设置的是_____。
   A．回收站　　　　　　　　　　B．桌面背景
   C．窗口颜色　　　　　　　　　D．声音
9. 下列不属于 Windows 7 控制面板中的设置项目的是_____。
   A．备份或还原　　　　　　　　B．家长控制
   C．游戏控制　　　　　　　　　D．网络和共享中心
10. 在 Windows 7 操作系统中，将打开窗口拖动到屏幕顶端，窗口会_____。

A. 关闭 B. 消失
C. 最大化 D. 最小化

11. 在 Windows 7 中，关于剪贴板，不正确的描述是_____。
A. 剪贴板是内存中的一块临时存储区域
B. 存放在剪贴板中的内容一旦关机，将不能保留
C. 剪贴板是硬盘的一部分
D. 剪贴板中存放的内容可以被不同的应用程序使用

12. 直接永久删除文件或文件夹而不是先将其移到回收站的快捷键是_____。
A. Ctrl+Delete B. Alt+Delete
C. Shift+Delete D. Esc+Delete

13. 在 Windows 中，"画图"文件默认的扩展名是_____。
A. bmp B. txt
C. rtf D. 文件

14. 在 Windows 7 操作系统中，显示桌面的快捷键是_____。
A. Win+Tab B. Alt+Tab
C. Win+D D. Win+PH

15. Windows 7 启动后，屏幕上显示的画面叫做_____。
A. 桌面 B. 对话框
C. 工作区 D. 窗口

16. 将当前活动窗口复制到剪贴板的操作是_____。
A. 按下 Alt+Print Screen 键 B. 按下 Print Screen 键
C. 按 Ctrl+C 组合键 D. 按 Ctr+V 组合键

17. 当一个应用程序窗口被最小化后，该应用程序的状态是_____。
A. 继续在前台运行 B. 被终止运行
C. 被转入后台运行 D. 保持最小化前的状态

18. 在 Windows 7 中，要搜索所有文件名以"ZX"开头的文本文件，应该在搜索框中输入_____。
A. ZX?.txt B. ZX*.txt
C. ZX*.* D. ZX?.?

19. 一个用户想在 PC 上安装 Windows 7 包含的游戏。这些游戏默认没有安装，在 Windows 7 中_____添加或移除组件。
A. 在"开始"菜单中选择"控制面板"→"添加/删除程序"→"Windows 组件"
B. 在"开始菜单"中选择"控制面板"→"程序"→"打开或关闭 Windows 功能"
C. 在"开始菜单"中选择"设置"→"Windows 控制中心"
D. 右击"计算机"图标，在弹出的快捷菜单中选择"属性"→"计算机管理"，在出现的窗口的左窗格中选择"添加/删除 Windows 组件"

20. 在 Windows 7 中选取某一菜单后，若菜单项后面带有"…"，则表示_____。
A. 将弹出对话框 B. 已被删除
C. 当前不能使用 D. 该菜单项正在起作用

21. 在 Windows 7 中，要选中不连续的文件或文件夹，先用鼠标单击第一个，然后按住_____键，再用鼠标单击要选择的每个文件或文件夹。
   A. Alt   B. Shift
   C. Ctrl   D. Esc

22. 以下_____不是 Windows 7 的默认库。
   A. 文档   B. 图片
   C. 音乐   D. 表格

23. 关闭应用程序窗口应按下列_____组合键。
   A. Alt+F4   B. Alt+Tab
   C. Alt+Esc   D. Alt+F

24. 在下列选项中，不是 Windows 7 "截图工具"的截图类型的是_____。
   A. 矩形截图   B. 窗口截图
   C. 全屏幕截图   D. 圆形截图

25. 在 Windows 7 中屏幕保护程序的作用是_____。
   A. 节能功能   B. 美化屏幕功能
   C. 安全功能   D. 提供节能和系统安全功能

26. 在 Windows 7 中，以下叙述中正确的是_____。
   A. "记事本"软件是一个文字处理软件，它可以处理大型而且格式复杂的文档
   B. "记事本"软件中无法在文本中插入一个图片
   C. "画图"软件中无法在图片上添加文字
   D. "画图"软件最多可使用 256 种颜色画图，所以无法处理真彩色的图片

27. 在 Windows 7 中，下列关于"任务栏"的叙述中，_____是错误的。
   A. 任务栏可以移动
   B. 可以将任务栏设置为自动隐藏
   C. 在任务栏上，只显示当前活动窗口名
   D. 通过任务栏上的按钮，可实现窗口之间的切换

28. 使用 Windows 7 的过程中，在不能使用鼠标的情况下，可打开"开始"菜单的操作是_____。
   A. 按 Shift+Tab 组合键   B. 按 Ctrl+Shift 组合键
   C. 按 Ctrl+Esc 组合键   D. 按空格键

29. Windows 7 窗口常用的"复制"命令的功能是，把选定内容复制到_____。
   A. 回收站   B. 库
   C. Word 文档   D. 剪贴板

30. Windows 7 中的用户账户 Administrator 是_____。
   A. 来宾账户   B. 受限账户
   C. 无密码账户   D. 管理员账户

31. 在 Windows 7 控制面板的"更改账户"窗口中不可以进行的操作是_____。
   A. 更改账户名称   B. 创建或修改密码
   C. 更改图片   D. 创建新用户

32. 文件的类型可以根据_____来识别。
   A．文件的大小　　　　　　B．文件的用途
   C．文件的扩展名　　　　　D．文件的存放位置

33. 在 Windows 7 中不能完成窗口切换的方法是_____。
   A．Ctrl+Tab
   B．Win+Tab
   C．单击要切换窗口的任何可见部位
   D．单击任务栏上要切换的应用程序按钮

34. 在 Windows 7 中，不能将窗口最大化的方法是_____。
   A．按最小化按钮　　　　　B．按最大化按钮
   C．双击标题栏　　　　　　D．拖曳窗口到屏幕顶端

35. 能够提供即时信息及可轻松访问常用工具的桌面元素是_____。
   A．桌面图标　　　　　　　B．任务栏
   C．桌面小工具　　　　　　D．桌面背景

36. 在 Windows 中，如果需要在中文输入法之间快速切换时，可使用_____。
   A．Ctrl+空格　　　　　　　B．Ctrl+Shift
   C．Shift+空格　　　　　　 D．Ctrl+Alt

37. 以下网络位置中，不能在 Windows 7 中进行设置的是_____。
   A．家庭网络　　　　　　　B．小区网络
   C．工作网络　　　　　　　D．公共网络

38. 在 Windows 7 中，使用"截图工具"可以将屏幕上显示的信息以图片形式进行保存，默认的图片扩展名为_____。
   A．.jpg　　　　　　　　　 B．.bmp
   C．.tif　　　　　　　　　 D．.png

39. 在 Windows 7 中，移动窗口的位置可以利用鼠标拖动窗口的来_____完成。
   A．菜单栏　　　　　　　　B．工作区
   C．边框　　　　　　　　　D．标题栏

40. 保存"画图"程序建立的文件时，默认的扩展名为_____。
   A．.png　　　　　　　　　 B．.bmp
   C．.gif　　　　　　　　　 D．.jpg

41. 在 Windows 7 中，通常文件名是由_____组成。
   A．文件名和基本名　　　　B．主文件名和扩展文件名
   C．扩展名和后缀名　　　　D．后缀名和名称

42. 在 Windows 7 中，下列文件名正确的是_____。
   A．I am a student.txt　　　B．ab|cd
   C．x< >y.h　　　　　　　 D．x?y.docx

43. 下列关于"回收站"的叙述中，错误的是_____。
   A．"回收站"可以暂时或永久存放硬盘上被删除的信息

B．放入"回收站"的信息可以被恢复
C．"回收站"所占据的空间是可以调整的
D．"回收站"可以存放软盘或U盘上被删除的信息

44．在Windows 7中，用"创建快捷方式"创建的图标_____。
A．可以是任何文件或文件夹　　　B．只能是可执行程序或程序组
C．只能是单个文件　　　　　　　D．只能是程序文件和文档文件

45．在Windows 7中，选择连续的对象，可按_____键，单击第一个对象，然后单击最后一个对象。
A．Shift　　　　　　　　　　　　B．Alt
C．Ctrl　　　　　　　　　　　　D．Tab

46．在Windows 7中，以下说法中不正确的是_____。
A．回收站的容量可以调整
B．回收站的容量等于硬盘的容量
C．A盘上的文件可以直接删除而不会放入回收站
D．硬盘上的文件可以直接删除而不需放入回收站

47．Windows 7文件的属性有_____。
A．只读、隐藏、存档　　　　　　B．只读、存档、系统
C．只读、系统、共享　　　　　　D．与DOS的文件属性相同

48．在Windows 7中输入中文文档时，为了输入一些特殊符号，可以使用系统提供的_____。
A．中文输入法　　　　　　　　　B．符号
C．软键盘　　　　　　　　　　　D．资料

49．删除Windows 7桌面上的某个应用程序图标，意味着_____。
A．只删除了图标，对应的应用程序被保留
B．该程序连同其图标一起被删除
C．该应用程序连同其图标一起被隐藏
D．只删除了该应用程序，对应的图标被隐藏

参考答案

第 3 章

文字处理软件 Word 2010

1. 在 Word 2010 中，"页面设置"对话框不能设置页面的_____。
   A. 上下边距　　　　　　　　　　B. 左右边距
   C. 纸张大小　　　　　　　　　　D. 对齐方式
2. 当前正在编辑的 Word 2010 文档的名称显示在窗口的_____中。
   A. 标题栏　　　　　　　　　　　B. 菜单栏
   C. 工具栏　　　　　　　　　　　D. 状态栏
3. 在编辑 Word 2010 文档时，若要插入文本框，可以通过在"_____"选项卡中单击相关按钮来完成。
   A. 文件　　　　　　　　　　　　B. 编辑
   C. 视图　　　　　　　　　　　　D. 插入
4. 在 Word 2010 中，在"_____"选项卡中单击"字体"按钮，可以对一篇文章的字体进行设置。
   A. 编辑　　　　　　　　　　　　B. 开始
   C. 格式　　　　　　　　　　　　D. 插入
5. 在编辑 Word 2010 文档时，若要将选定的文本字形设置为斜体，可以单击格式工具栏的_____按钮。
   A. **B**　　　　　　　　　　　　B. U
   C. *I*　　　　　　　　　　　　　D. A˄ A˅
6. 段落标记是在按_____键后产生的。
   A. Esc　　　　　　　　　　　　 B. Insert
   C. Enter　　　　　　　　　　　 D. Shift
7. 在 Word 2010 文档中，文字默认的对齐格式是_____。
   A. 居中　　　　　　　　　　　　B. 两端对齐
   C. 左对齐　　　　　　　　　　　D. 右对齐
8. 在 Word 2010 中，系统默认的中/英文字体的字号是_____。
   A. 二　　　　　　　　　　　　　B. 三
   C. 四　　　　　　　　　　　　　D. 五
9. 在 Word 2010 中，_____显示方式可查看与打印效果一致的各种文档。

A. 大纲视图 B. 页面视图
C. 普通视图 D. 主控文档

10. Word 2010 进行强制分页的方法是按_____组合键。
A. Ctr+Shift B. Ctr+Enter
C. Ctr+Space D. Ctr+Alt

11. 执行"分栏"命令后，Word 2010 自动在分栏的文本内容上、下各插入一个_____，以便与其他文本区别。
A. 分页符 B. 分节符
C. 分段符 D. 分栏符

12. 选定整个文档，使用组合键_____。
A. Ctrl+A B. Ctrl+Shift+A
C. Shift+A D. Alt+A

13. 在 Word 2010 中，文档可以多栏并存，以下_____视图可以看到分栏效果。
A. 普通 B. 页面
C. 大纲 D. 主控文档

14. 在 Word 2010 中，每个段落的标记在_____。
A. 段落中无法看到 B. 段落的结尾处
C. 段落的中部 D. 段落的开始处

15. 在 Word 2010 中，单击文档前的文本选择区，则可选择_____。
A. 插入点所在行 B. 插入点所在列
C. 整篇文档 D. 什么都不选

16. 当输入一个 Word 2010 文档到右边界时，插入点会自动移到下一行最左边，这是 Word 2010 的_____功能。
A. 自动更正 B. 自动回车
C. 自动格式 D. 自动换行

17. Word 2010 中的宏是_____。
A. 一种病毒 B. 一种固定格式
C. 一段文字 D. 一段应用程序

18. 按快捷键 Ctrl+S 的功能是_____。
A. 删除文字 B. 粘贴文字
C. 保存文件 D. 复制文字

19. 下列操作中，_____能实现选择整个文档。
A. 将光标移到文档中某行的左边，待指针改变方向后，左单击
B. 将光标移到文档中某行的左边，待指针改变方向后，左双击
C. 将光标移到文档中某行的左边，待指针改变方向后，左三击
D. 将光标移到文档内的任意字符处，左三击

20. Word 2010 具有分栏功能，下列关于分栏的说法中正确的是_____。
A. 最多可以分 4 栏 B. 各栏的宽度必须相同
C. 各栏的宽度可以不同 D. 各栏之间的间距是固定的

21．下列方式中，可以显示出页眉和页脚的是_____。
   A．普通视图   B．页面视图
   C．大纲视图   D．全屏视图

22．在 Word 2010 的编辑状态下，如果设置了标尺，可以同时显示水平标尺和垂直标尺的视图是_____。
   A．普通方式   B．页面方式
   C．大纲方式   D．全屏幕显示方式

23．下列视图中，不是 Word 2010 提供的视图是_____
   A．Web 视图   B．页面视图
   C．打印视图   D．合并视图

24．在 Word 2010 中，现有前后两个段落且段落格式也不同，当删除前一个段落结尾结束标记时_____。
   A．两个段落合并为一段，原先格式不变
   B．仍为两段，且格式不变
   C．两个段落合并为一段，并采用前两个段落中的前一段落格式
   D．两个段落合并为一段，并采用前两个段落中的后一段落格式

25．要快速选中一行文本或一个段落，首先将鼠标移到文档左侧的_____中，当鼠标指针变成向右倾斜的箭头形状时，单击鼠标可以选中一行，双击鼠标可选中一个段落。
   A．选定栏   B．工具栏
   C．符号栏   D．标题栏

26．在 Word 2010 窗口中，利用_____可方便地调整段落的缩进、页面上下左右的边距、表格的列宽。
   A．标尺   B．格式工具栏
   C．常用工具栏   D．表格工具栏

27．在 Word 2010 文档中，选择一块矩形文本区域，需利用_____键。
   A．Shift   B．Alt
   C．Ctrl   D．Enter

28．在 Word 2010 中，使用标尺可以直接设置缩进，标尺顶部的三角形标记代表_____。
   A．左端缩进   B．右端缩进
   C．首行缩进   D．悬挂式缩进

29．要将插入点快速移动到文档开始位置，应按_____组合键。
   A．Ctrl+Home   B．Ctrl+PageUp
   C．Ctrl+↑   D．Home

30．在 Word 2010 表格中，对当前单元格左边的所有单元格中的数值求和，应使用_____公式。
   A．=SUM(RIGHT)   B．=SUM(BELOW)
   C．=SUM(LEFT)   D．=SUM(ABOVE)

31．使用_____可以进行快速格式复制操作。
   A．编辑菜单   B．段落命令

C. 格式刷 D. 格式菜单

32. 下列_____不属于 Word 2010 2010 文档视图。
   A. Web 版式视图 B. 浏览视图
   C. 大纲视图 D. 页面视图

33. 在 Word 中制作表格时，按_____组合键，可以移到前一个单元格。
   A. Tab B. Shift+Tab
   C. Ctrl+Tab D. Alt+Tab

34. 如果文档很长，那么用户可以用 Word 提供的_____技术，同时在两个窗口中滚动查看同一文档的不同部分。
   A. 拆分窗口 B. 滚动条
   C. 排列窗口 D. 帮助

35. 在 Word 2010 中，如果使用了项目符号或编号，则项目符号或编号在_____时会自动出现。
   A. 每次按回车键 B. 一行文字输入完毕并回车
   C. 按 Tab 键 D. 文字输入超过右边界

36. 设定打印纸张大小时，应当使用的按钮在_____中。
   A. "开始"选项卡的"页面设置"组 B. "页面布局"选项卡的"页面设置"组
   C. "插入"选项卡的"页面设置"组 D. "视图"选项卡的"页面设置"组

37. 选定整个文档，使用组合键_____。
   A. Ctrl+A B. Ctrl+Shift+A
   C. Shift+A D. Alt+A

38. 将选定的文本从文档的一个位置复制到另一个位置，可按住_____键再用鼠标拖动。
   A. Ctrl B. Alt
   C. Shift D. Enter

39. 在 Word 2010 中，下列说法中正确的是_____。
   A. 文档的符号只能从键盘输入
   B. 文档中的特殊符号从"插入"选项卡的"符号"组中插入
   C. GBK 输入法中包含了约 2 万多个汉字
   D. 在插入的表格中不可自动进行数值计算

40. 在 Word 2010 中进行强制分页的方法是按_____组合键。
   A. Ctrl+Shift B. Ctrl+Enter
   C. Ctrl+Space D. Ctrl+Alt

41. 在 Word 2010 中，可通过页面设置进行_____操作。
   A. 设置行间距 B. 设置纸张大小
   C. 设置段落格式 D. 设置分栏

42. 段落标记是在按_____后产生的。
   A. Esc B. Ins
   C. Enter D. Shift

43. 在 Word 2010 文档中，文本框默认的对齐格式是_____。

A．居中 B．两端对齐
C．左对齐 D．右对齐

44．在 Word 2010 中，对话框中"确定"按钮的作用是_____。

A．确定输出的信息 B．确认各选项并开始执行
C．退出对话框 D．关闭对话框不做任何动作

45．在 Word 2010 中，将部分文本内容复制到其他地方，首先进行的操作是_____。

A．剪切 B．粘贴
C．复制 D．选择

46．使用"_____"选项卡中的"标尺"，可以显示或隐藏标尺。

A．工具 B．插入
C．开始 D．视图

47．在 Word 2010 中，每个段落的标记在_____。

A．段落中无法看到 B．段落的结尾处
C．段落的中部 D．段落的开始处

48．在 Word 2010 中，文档可以多栏并存，以下_____视图可以看到分栏效果。

A．草稿 B．页面
C．大纲 D．主控文档

49．在 Word 2010 编辑状态下进行"替换"操作，应使用"_____"选项卡中的按钮。

A．插入 B．格式
C．视图 D．开始

50．菜单项呈灰度显示表明_____。

A．有对话框 B．不可选择
C．有下级菜单 D．有联级菜单

51．段落缩进分 4 种：悬挂缩进、左缩进、右缩进和_____。

A．首行缩进 B．两端缩进
C．对齐缩进 D．字体缩进

52．如果设置精确的缩进量，应该使用_____方式。

A．标尺 B．样式
C．段落→格式 D．页面设置

53．在 Word 2010 的编辑状态下，设置了标尺，可以同时显示水平标尺和垂直标尺的视图方式是_____。

A．Web 版式视图 B．页面视图
C．大纲视图 D．草稿视图

54．如果在一篇文档中，所有的"大纲"二字都被录入员误输为"大刚"，最快捷的改正方式是_____。

A．用"开始"选项卡中的"定位"按钮 B．用"撤销"和"恢复"按钮
C．用"开始"选项卡中的"编辑"按钮 D．用插入光标逐字查找，分别改正

55．将段落的首行向右移进两个字符位置，应该用_____操作实现。

A．标尺上的"缩进"游标 B．"格式"选项卡中的"样式"按钮

C."格式"选项卡中的"中文版式"按钮　　D. 以上都不是

56. 将一页从中间分成两页，正确的操作是单击_____。

A."格式"选项卡中的"字体"　　B."页面布局"选项卡中的"分隔符"

C."插入"选项卡中的"分隔符"　　D."插入"选项卡中的"自动图文集"

57. 在 Word 2010 中，文本框是包含_____的图形对象。

A. 文字和图形　　B. 自定义符号

C. 只包含图形　　D. 只包含文字

58. 在 Word 2010 编辑状态下，对于选定文字，_____。

A. 可移动，不可复制　　B. 可复制，不可移动

C. 可移动或复制　　D. 可同时进行移动复制

59. 在 Word 2010 文档中插入图形，正确的方法是_____。

A. 在"开始"选项卡中单击"形状"按钮，再绘制图形

B. 在"试图"选项卡中单击"形状"按钮，再绘制图形

C. 在"插入"选项卡中单击"形状"按钮，再绘制图形

D. 单击"引用"

参考答案

第4章

电子表格处理软件 Excel 2010

1. Excel 2010 软件是通常用于_____的软件。
   A. 表格及表格数据处理　　　　　　B. 演示文稿制作
   C. 图片处理　　　　　　　　　　　D. 文字处理
2. 在默认情况下，一个 Excel 文件中包含_____个工作表。
   A. 5　　　　　　　　　　　　　　 B. 3
   C. 2　　　　　　　　　　　　　　 D. 1
3. 在 Excel 2010 中，一个工作表最多可以包含_____行。
   A. 65536　　　　　　　　　　　　 B. 1048576
   C. 256　　　　　　　　　　　　　 D. 无限制
4. 在 Excel 中输入公式时，以下说法中不正确的是_____。
   A. Excel 中公式需要以"="开头
   B. 公式中的 A4 和 a4 指的不是同一个单元格
   C. Excel 中的公式可以用填充柄进行填充
   D. Excel 中的公式可以使用单元格名称来代替单元格中的数据
5. 关于 Excel 中的函数，以下说法中不正确的是_____。
   A. 函数是由 Excel 预先定义好的特殊公式
   B. 函数通过参数来接受要计算的数据并返回计算结果
   C. Excel 中所有的函数都需要添加参数
   D. 输入函数时需要根据该函数的参数等要求进行输入
6. 工作表被保护后，该工作表中的单元格_____。
   A. 可任意修改　　　　　　　　　　B. 不可修改和删除
   C. 可被复制和填充　　　　　　　　D. 可以移动
7. Excel 中最小的操作单位是_____。
   A. 工作簿　　　　　　　　　　　　B. 工作表
   C. 工作区　　　　　　　　　　　　D. 单元格
8. 在 Excel 2010 中，每个单元格最多可包含_____个字符。
   A. 256　　　　　　　　　　　　　 B. 64
   C. 32767　　　　　　　　　　　　 D. 32

9. 若想在一个单元格中输入多行数据，可通过按_____组合键在单元格内进行换行。
   A．Ctrl+Enter　　　　　　　　　　B．Alt+Enter
   C．Shift+Enter　　　　　　　　　　D．Enter

10. 在 Excel 2010 的工作表中，最后一列的列号为_____。
    A．AA　　　　　　　　　　　　　　B．AV
    C．XFD　　　　　　　　　　　　　D．XXX

11. 在 Excel 2010 中，可以通过_____个视图方式来查看数据。
    A．5　　　　　　　　　　　　　　　B．3
    C．6　　　　　　　　　　　　　　　D．8

12. 在 Excel 中，方式_____输入的数据值不是-0.5。
    A．-0.5　　　　　　　　　　　　　B．(.5)
    C．(-0.5)　　　　　　　　　　　　D．-.5

13. 在 Excel 中，公式"=5&">6""的计算结果为_____。
    A．5>6　　　　　　　　　　　　　　B．1
    C．TRUE　　　　　　　　　　　　　D．FALSE

14. 要选中一块连续的单元格区域，可通过两次鼠标单击，并在第二次单击时结合_____键来进行。
    A．Ctrl　　　　　　　　　　　　　B．Alt
    C．Shift　　　　　　　　　　　　　D．Tab

15. 选中多块不连续的单元格区域，可通过多次鼠标单击并在从第二次单击时开始每次单击鼠标时结合_____键。
    A．Ctrl　　　　　　　　　　　　　B．Alt
    C．Shift　　　　　　　　　　　　　D．Tab

16. 以下_____操作不属于对 Excel 数据的安全保护操作。
    A．设置保护工作表格式　　　　　　B．设置文件打开密码
    C．设置文件编辑密码　　　　　　　D．设置数据字体格式

17. 如果将选定单元格（或区域）的内容消除，单元格依然保留，称为_____。
    A．重定向　　　　　　　　　　　　B．清除
    C．改变　　　　　　　　　　　　　D．删除

18. 在 Excel 中，可通过选项_____中的组合键来输入当前时间。
    A．Ctrl　　　　　　　　　　　　　B．Alt
    C．Ctrl+Shift+;　　　　　　　　　D．Tab

19. 在 Excel 中输入文本时，将自动_____对齐。
    A．左　　　　　　　　　　　　　　B．右
    C．居中　　　　　　　　　　　　　D．分散

20. 以下不属于 Excel 单元格区域引用的是_____。
    A．交叉引用　　　　　　　　　　　B．混合引用
    C．相对引用　　　　　　　　　　　D．绝对引用

21. 在复制的数据内容中含有公式时，可通过_____方式只粘贴这些公式的计算结果。

A．默认粘贴
B．直接粘贴
C．选择性粘贴
D．保留源格式粘贴

22．以下描述中，不能表示由 A1、A2、A3、B1、B2 和 B3 六个单元格组成的区域的是_____。

A．A1:B3
B．B3:A1
C．B1:A3
D．B3:A3

23．下列不属于 Excel 中的运算符的是_____。

A．<>
B．^
C．%
D．&&

24．在 Excel 中要输入表示邮政编码的字符串"314001"时，合适的输入方法是_____。

A．"314001"
B．314001
C．'314001
D．(314001)

25．关于 Excel 单元格区域引用 Sheet1!A2:C4，下列说法中不正确的是_____。

A．该区域共包含 9 个单元格
B．该区域位于 Sheet1 工作表中
C．!可以省略
D．!称为三维引用运算符

26．在 Excel 中，公式"=RANK(A3,$A$3:$A$10)"中的$A$3 表示的是_____引用方式。

A．交叉
B．混合
C．相对
D．绝对

27．在 Excel 中选中单元格区域 A1:C1 后（均已有数据），使用"自动求和"按钮得到的结果位于_____单元格。

A．A1
B．C1
C．D1
D．A2

28．公式"=SUM(A3 A4 A5)"的计算结果为_____。

A．12
B．13
C．14
D．公式出错

29．Excel 公式"=3<>3"的计算结果为_____。

A．1
B．0
C．FALSE
D．TRUE

30．在下列选项中，与公式"=SUM(B2:B4,D3:E4)"计算结果相等的是_____。

A．B2+B4+D3+E4
B．B2+B3+B4+D3+D4+E3+E4
C．B2+B4+D2+D3+E4
D．B2+B3+B4+D3+E4

31．在下列选项中，_____不能用于计算 A3 到 A5 区域上的数据和。

A．=A3+A4+A5
B．=SUM(A3:A5)
C．=SUM(A1:A5 A3:C7)
D．=SUM(A3,A5)

32．公式"=AVERAGE(12,13,14)"的计算结果为_____。

A．12
B．13
C．14
D．公式出错

33．在 Excel 中，将单元格 H2 中的公式"=SUM(A2:F2)"复制到单元格 H3 中后，H3 中显示的公式为_____。

A．=SUM(A2:F2)　　　　　　　　　B．=SUM(A3:F3)
C．=SUM(A4:F4)　　　　　　　　　D．无法确定

34．在 Excel 中，各运算符的优先级由高到低的顺序为_____。

A．算术运行符、比较运算符、字符串运算符
B．算术运行符、字符串运算符、比较运算符
C．字符串运算符、算术运行符、比较运算符
D．各运算符的优先级相同

35．下列关于 COUNT 函数的说法中，不正确的是_____。

A．COUNT 函数主要是用于计数
B．COUNT 函数主要用于统计数值型数据的个数
C．COUNT 函数中可以包含多个参数
D．以上说法均不正确

36．Excel 中很多函数均需要设置参数，其中各参数之间一般用_____分隔。

A．逗号　　　　　　　　　　　　B．空格
C．冒号　　　　　　　　　　　　D．感叹号

37．Excel 公式在_____情况时需要使用绝对引用。

A．单元格地址随新位置而变化　　B．单元格地址不随新位置而变化
C．范围随新位置而变化　　　　　D．范围不随新位置而变化

38．已知单元格区域 A1:A4 中各单元格的值均为 2，单元格 A5 的内容为空，A6 的内容为一个字符串，则公式"=SUM(A1:A6)"的结果是_____。

A．10　　　　　　　　　　　　　B．12
C．8　　　　　　　　　　　　　　D．公式出错

39．Excel 工作表中若有公式"=AVERAGE(A1:C5)"，当删除第二行数据后，该公式将变为_____。

A．=AVERAGE(A1:C4)　　　　　　B．=AVERAGE(A1:C6)
C．=AVERAGE(A2:C6)　　　　　　D．无变化

40．以下函数中_____的计算结果为字符串型数据。

A．RANK　　　　　　　　　　　　B．WEEKDAY
C．MID　　　　　　　　　　　　　D．MOD

41．以下输入中，Excel 无法识别的日期型数据为_____。

A．10/23　　　　　　　　　　　　B．23/10
C．10\23　　　　　　　　　　　　D．10-23

42．在 Excel 中，公式"=IF(4+8/2>3-6*0.2,9,-9)"的计算结果为_____。

A．TRUE　　　　　　　　　　　　B．FALSE
C．-9　　　　　　　　　　　　　　D．9

43．在 Excel 公式中出现除零操作时，将出现错误提示信息_____。

A．#NUM!　　　　　　　　　　　　B．#DIV/0!
C．#NAME　　　　　　　　　　　　D．#VALUE!

44．在 Excel 中，公式"=MID("HelloWorld",7,2)"的结果是_____。

A. Wor   B. Wo
C. or   D. wo

45. 在 Excel 中，公式 "=MOD(100,-9)+1>-9" 的计算结果为_____。
A. 100   B. 1
C. TRUE D. FALSE

46. 在 Excel 中，执行自动筛选的数据清单，必须_____。
A. 无标题行且不能有其他数据夹杂其中
B. 有标题行且不能有其他数据夹杂其中
C. 无标题行且能有其他数据夹杂其中
D. 有标题行且能有其他数据夹杂其中

47. 产生图表的数据发生变化后，图表_____。
A. 会发生相应的变化   B. 会发生相应的变化，但与数据无关
C. 不会发生变化   D. 必须经过编辑后才会发生变化

48. 在 Excel 中，在对数据清单进行高级筛选时，筛选的条件区域中"与"关系的条件_____。
A. 必须写在同一行中   B. 可以写在不同的行中
C. 一定要写在不同行   D. 并无严格要求

49. 在 Excel 中，数据清单中的一行数据称为一条_____。
A. 数据   B. 字段
C. 记录   D. 数据集

50. 在 Excel 中，双击图表标题将打开_____对话框。
A. 坐标轴格式   B. 坐标轴标题格式
C. 改变字体   D. 图表标题格式

51. 关于 Excel 2010 中的图表的描述中，不正确的是_____。
A. 在 Office 2010 组件中，图表是 Excel 特有的工具
B. 图表是常被用来表现数据关系的图形工具
C. Excel 2010 中的图表不止一种类型
D. 图表是基于一定的数据而生成的

52. 关于 Excel 2010 中的迷你图，以下说法中不正确的是_____。
A. 在打印效果中，迷你图将不被打印
B. 迷你图是一种单元格中的微型图表
C. 迷你图可以认为是一种单元格背景
D. 以上说法均不正确

53. 关于 Excel 2010 的统计和分析功能，以下说法中不正确的是_____。
A. Excel 2010 中可以通过多种方式进行数据的统计和分析
B. 在使用 Excel 2010 统计和分析数据时，常用函数来计算相应的统计结果
C. Excel 2010 中的较多统计分析工具都是基于数据清单来进行的
D. 以上说法均不正确

54. 在将工作表的第 3 行隐藏再打印该工作表时，对第 3 行的处理是_____。
A. 打印第 3 行   B. 不打印第 3 行

C. 不确定 D. 以上说法均不对

55. 默认情况下，Excel 中的表格线_____。
A. 无法打印出虚线 B. 无法打印出实线
C. 可以打印出虚线 D. 可以打印出实线

56. 在 Excel 中，若希望打印内容处于页面中心，可以选择"页面设置"中的_____。
A. 水平居中 B. 垂直居中
C. 水平居中和垂直居中 D. 无法实现

57. 以下关于 Excel 2010 的描述中，错误的是_____。
A. Excel 2010 是 Microsoft Office 2010 的重要组件之一
B. Excel 2010 主要用于处理表格数据
C. 默认状态下，Excel 2010 采用菜单的形式组织命令和功能
D. 用户可以自定义 Excel 2010 的功能区等操作界面

58. 在 Excel 2010 中，以下关于文件输出的描述中，错误的是_____。
A. 默认状态下 Excel 2010 输出的文件格式为".xlsx"
B. 在用 Excel 2010 保存文件时，可对要保存的文件设置相应权限的密码
C. Excel 2010 也可以输出以".xls"为扩展名的文件
D. 以上说法都不对

参考答案

第 5 章

演示文稿制作软件 PowerPoint 2010

1. PowerPoint 2010 默认其文件的扩展名为_____。
   A．.ppsx   B．.pptx
   C．.potx   D．.ppwx
2. 由 PowerPoint 2010 产生的扩展名为_____的文件，可以直接在 Windows 环境下双击而直接放映。
   A．.ppsx   B．.pptx
   C．.potx   D．.ppwx
3. 在幻灯片浏览视图中，_____操作是不能进行的。
   A．删除幻灯片   B．插入幻灯片
   C．复制或移动幻灯片   D．修改幻灯片内容
4. 在幻灯片浏览视图中，可多次使用_____键+单击来选定多张不连续的幻灯片
   A．Ctrl   B．Alt
   C．Shift   D．Tab
5. 在幻灯片浏览视图中，可使用_____键+拖动来复制选定的幻灯片。
   A．Ctrl   B．Alt
   C．Shift   D．Tab
6. 在演示文稿放映过程中，可使用_____键终止放映，回到原来的视图中。
   A．Ctrl   B．Enter
   C．Esc   D．Space
7. 下列_____不是 PowerPoint 2010 的视图方式。
   A．普通视图   B．备注页视图
   C．页面视图   D．大纲视图
8. 下列_____不是合法的打印内容选项。
   A．讲义   B．备注页
   C．大纲   D．幻灯片预览
9. 在 PowerPoint 2010 中，为所有幻灯片设置统一的、特有的外观风格，应运用_____。
   A．母版   B．版式
   C．主题方案   D．联机协作

10. 新建 PowerPoint 2010 文稿，默认的幻灯片自动版式是_____。
    A．标题和内容	B．两栏内容
    C．比较	D．标题幻灯片

11. 在 PowerPoint 2010 中，将某张幻灯片版式更改为"标题和竖排文字"，则应选择的选项卡是_____。
    A．开始	B．插入
    C．设计	D．视图

12. 在 PowerPoint 2010 中，每个自动版式中都有几个预留区，这些预留区的特点是_____。
    A．每个预留区被实线框框起来
    B．每个预留区没有系统提示的文本信息
    C．每个预留区都有系统提示的文本信息
    D．多个预留区用同一实线框框起来

13. 在 PowerPoint 2010 中，不能对个别幻灯片内容进行编辑修改的视图方式是_____。
    A．大纲视图	B．幻灯片视图
    C．幻灯片浏览视图	D．以上三项均不能

14. 在 PowerPoint 2010 中，用户不能设置幻灯片的_____。
    A．行距	B．字符间距
    C．段前间距	D．段后间距

15. 在 PowerPoint 2010 中，若想在屏幕上查看演示文稿的多张幻灯片，下面的操作能实现的是_____。
    A．选择"视图"选项卡中的"开始放映幻灯片"
    B．按 F5 键
    C．选择"视图"选项卡中的"幻灯片浏览"命令
    D．选择"视图"选项卡中的"阅读视图"命令

16. 在 PowerPoint 2010 的各种视图中，显示单个幻灯片以进行文本编辑的视图是_____。
    A．幻灯片浏览视图	B．普通视图
    C．备注页视图	D．阅读视图

17. 在 PowerPoint 2010 的各种视图中，可以对幻灯片进行移动、删除、添加、复制、设置动画效果，但不能编辑幻灯片中具体内容的视图是_____。
    A．幻灯片浏览视图	B．普通视图
    C．备注页视图	D．阅读视图

18. 在 PowerPoint 2010 中，若在播放时希望跳过某张幻灯片可_____。
    A．删除某张幻灯片	B．取消某张幻灯片的切换效果
    C．取消某张幻灯片的动画效果	D．隐藏某张幻灯片

19. 在 PowerPoint 2010 中，退出幻灯片放映的快捷键是_____。
    A．Esc	B．Alt+F4
    C．Alt+Space	D．Space

20. 在 PowerPoint 2010 中，若在播放时希望跳过某张幻灯片可_____。
    A．删除某张幻灯片	B．取消某张幻灯片的切换效果

C. 取消某张幻灯片的动画效果　　　　　D. 隐藏某张幻灯片

21. 在 PowerPoint 2010 中，将动作按钮从一张幻灯片复制到另一张幻灯片后，结果是_____。
   A. 仅复制动作按钮
   B. 仅复制动作按钮上的文字
   C. 仅复制动作按钮上的超链接
   D. 将动作按钮和之上的超链接一起复制

22. 在 PowerPoint 2010 中，演示文稿的放映方式不能设置为_____。
   A. 演讲者放映（全屏幕）
   B. 窗口放映
   C. 观众自行浏览（窗口）
   D. 展台浏览（全屏幕）

23. 在 PowerPoint 2010 中，为了在切换幻灯片时播放声音，可以使用"_____"选项卡中的"声音"命令。
   A. 切换
   B. 幻灯片放映
   C. 插入
   D. 动画

24. 在 PowerPoint 2010 中，双击预留区中的"图表"按钮后启动的是_____。
   A. Word
   B. Excel
   C. PowerPoint
   D. Access

25. 在 PowerPoint 2010 中，下列说法中正确的是_____。
   A. 只能在动作按钮上设置动作
   B. 不能在图表上设置动作
   C. 幻灯片中所有对象都可以设置动作
   D. 不能在组织结构图上设置动作

26. 在 PowerPoint 2010 的"大纲窗格"中，不能进行的操作是_____。
   A. 插入幻灯片
   B. 删除幻灯片
   C. 移动幻灯片
   D. 添加占位符

27. 在 PowerPoint 2010 中，如果需要在所有幻灯片中都插入同一张图片，正确的操作是_____。
   A. 单击"视图"选项卡的"幻灯片母版"命令
   B. 单击"插入"选项卡的"图片"命令
   C. 单击"开始"选项卡的"版式"命令
   D. 单击"插入"选项卡的"剪贴画"命令

28. 在幻灯片放映中，可以利用绘图笔在幻灯片上做标记，这些标记内容_____。
   A. 自动保存到演示文稿中
   B. 可以保存在演示文稿中
   C. 在本次演示中不可擦除
   D. 在本次演示中可以擦除

29. 在 PowerPoint 2010 中，可以移动一张幻灯片，下面说法中正确的是_____。
   A. 在任意视图下都可以移动
   B. 只能在大纲视图下移动
   C. 除了幻灯片放映视图的其他任意视图下都可以移动
   D. 只能在普通视图下移动

30. 在 PowerPoint 2010 的_____下，可以用拖动方法改变幻灯片的顺序。
   A. 幻灯片视图
   B. 备注页视图

C. 幻灯片浏览视图　　　　　　　　　D. 幻灯片放映

31. 演示文稿的基本组成单元是_____。
   A. 文本　　　　　　　　　　　　　B. 图形
   C. 超链接　　　　　　　　　　　　D. 幻灯片

32. 在 PowerPoint 2010 中，如需将幻灯片从打印机输出，可以按_____快捷键。
   A. Shift+P　　　　　　　　　　　　B. Ctrl+P
   C. Alt+P　　　　　　　　　　　　 D. Space+P

33. 要实现在播放时幻灯片之间的跳转，可采用的方法是_____。
   A. 设置动作按钮　　　　　　　　　B. 设置幻灯片切换方式
   C. 设置超链接　　　　　　　　　　D. A 和 C 均可

34. 在 PowerPoint 2010 中，可以用单击"_____"选项卡的"隐藏幻灯片"按钮，将不准备放映的幻灯片隐藏。
   A. 视图　　　　　　　　　　　　　B. 幻灯片放映
   C. 动画　　　　　　　　　　　　　D. 设计

35. 在 PowerPoint 2010 中，要使幻灯片在放映时能够自动播放，需要为其设置_____。
   A. 自定义动画　　　　　　　　　　B. 动作按钮
   C. 排练计时　　　　　　　　　　　D. 录制旁白

36. 当保存演示文稿时，出现"另存为"对话框，则说明_____。
   A. 该文件未保存过　　　　　　　　B. 该文件不能保存
   C. 该文件已经保存过　　　　　　　D. 该文件不能用原文件名保存

37. 在 PowerPoint 2010 中，按功能键 F7 的功能是_____。
   A. 打开文件　　　　　　　　　　　B. 拼写检查
   C. 打印预览　　　　　　　　　　　D. 样式检查

38. 幻灯片的切换方式是指_____。
   A. 在编辑新幻灯片时的过渡形式
   B. 在编辑幻灯片时切换不同的视图
   C. 在编辑幻灯片时切换不同的主题
   D. 在幻灯片放映时两张幻灯片间过渡形式

39. 下列说法中正确的是_____。
   A. 在 PowerPoint 2010 中，可以同时打开多个演示文稿文件
   B. PowerPoint 2010 演示文稿的打包指的就是利用压缩软件将演示文稿压缩
   C. PowerPoint 2010 提供了幻灯片、备注页、幻灯片浏览、大纲和幻灯片放映共 5 种视图模式
   D. 演示文稿中每张幻灯片必须用同样的背景

40. 在 PowerPoint 2010 中，安排幻灯片对象的布局可选择_____来设置。
   A. 应用主题　　　　　　　　　　　B. 幻灯片版式
   C. 背景　　　　　　　　　　　　　D. 主题颜色

41. 在演示文稿编辑中，若要选定全部对象，可按快捷键_____。
   A. Ctrl+S　　　　　　　　　　　　B. Shift+S

C. Shift+A D. Ctrl+A

42. 使用 PowerPoint 2010 时，在大纲视图方式下，输入标题后，若要输入文本，下面操作正确的是_____。

A. 输入标题后，按 Enter 键，再输入文本
B. 输入标题后，按 Ctrl+Enter 键，再输入文本
C. 输入标题后，按 Shift+Enter 键，再输入文本
D. 输入标题后，按 Alt+Enter 键，再输入文本

43. 执行"幻灯片放映"选项卡中的"排练计时"命令，对幻灯片定时切换后，又执行"幻灯片放映"选项卡中的"设置幻灯片放映方"命令，并在出现的对话框的"换片方式"组中单击"人工"，则以下说法中不正确的是_____。

A. 放映幻灯片时，单击鼠标换片
B. 放映幻灯片时，单击右键，在弹出的快捷菜单选择"下一张"进行换片
C. 放映幻灯片时，单击屏幕左下侧的"→"进行换片
D. 幻灯片仍然按"排练计时"设定的时间进行换片

44. 在"切换"选项卡的"计时"组中，"换片方式"有自动换片和手动换片，以下说法中正确的是_____。

A. 同时选择"单击鼠标时"和"设置自动换片时间"两种换片方式，但"单击鼠标时"方式不起作用
B. 可以同时选择"单击鼠标时"和"设置自动换片时间"两种换片方式
C. 只允许在"单击鼠标时"和"设置自动换片时间"两种换片方式中选择一种
D. 同时选择"单击鼠标时"和"设置自动换片时间"两种换片方式，但"设置自动换片时间"方式不起作用

45. 在幻灯片浏览视图下，复制幻灯片，执行"粘贴"命令，其结果是_____。

A. 将复制的幻灯片"粘贴"到所有幻灯片的前面
B. 将复制的幻灯片"粘贴"到所有幻灯片的后面
C. 将复制的幻灯片"粘贴"到当前选定的幻灯片之后
D. 将复制的幻灯片"粘贴"到当前选定的幻灯片之前

46. 在 PowerPoint 2010 中，创建新幻灯片是出现的虚线框称为_____。

A. 占位符 B. 文本框
C. 图片边界 D. 表格边界

47. 在 PowerPoint 2010 中，要切换到"幻灯片放映"视图模式，可按_____功能键。

A. F5 B. F6
C. F7 D. F8

48. 新建一个演示文稿时第一张幻灯片的默认版式是_____。

A. 标题和内容 B. 仅标题
C. 标题幻灯片 D. 内容与标题

49. 要真正更改幻灯片的大小，可通过_____来实现。

A. 在普通视图下直接拖曳幻灯片的四条边框
B. 在"视图"选项卡中的"显示比例"对话框中选择

C．选择"开始"选项卡下的"版式"命令
D．选择"设计"选项卡下的"页面设置"命令

50．当一个 PowerPoint 2010 窗口被关闭后，被编辑的文件将_____。

A．从磁盘中清除　　　　　　　　　B．从内存中清除

C．从磁盘或内存中清除　　　　　　D．不会从内存中清除

参考答案

第6章

计算机网络基础

1. 计算机网络最基本的功能是_____。
   A. 数据通信   B. 资源共享
   C. 协同工作   D. 以上都是
2. 局域网和广域网是以_____来划分的。
   A. 网络的使用者   B. 信息交换方式
   C. 网络所使用的协议   D. 网络中计算机的分布范围和连接技术
3. WWW 表示的是_____，它是 Internet 提供的一项服务。
   A. 局域网   B. 广域网
   C. 万维网   D. 网上论坛
4. 在拓扑结构中，下列关于环型的叙述中正确的是_____。
   A. 环中的数据沿着环的两个方向绕环传输
   B. 环型拓扑中各结点首尾相连形成一个永不闭合的环
   C. 环型拓扑的抗故障性能好
   D. 网络中的任意一个结点或一条传输介质出现故障都不会导致整个网络的故障
5. 采用拨号入网的通信方式是_____。
   A. PSTN 公用电话网   B. DDN 专线
   C. FR 帧中继   D. LAN 局域网
6. Internet 上使用最广泛的标准通信协议是_____。
   A. TCP/IP   B. FTP
   C. SMTP   D. ARP
7. 在"http://www.sohu.com"中，http 表示的是_____。
   A. 协议名   B. 服务器域名
   C. 端口   D. 文件名
8. 下面的网址写法中不正确的是_____。
   A. http://www.163.com
   B. ftp://ftp.zjxu.edu.cn
   C. http://211.100.31.92
   D. www.sohu.com

9. 广域网采用的网络拓扑结构通常是_____结构。
   A．总线型   B．环型
   C．星型   D．网状

10．在局域网中不能共享_____。
   A．硬盘   B．文件夹
   C．显示器   D．打印机

11．在 Internet 中，政府机构的常见顶级域名是_____。
   A．gov   B．int
   C．edu   D．com

12．局域网的主要特点不包括_____。
   A．地理范围有限   B．远程访问
   C．通信速率高   D．灵活，组网方便

13．URL 格式中，服务类型与主机名间用_____符号隔开。
   A．/   B．//
   C．@   D．.

14．下列内容中不属于 Internet（因特网）基本功能的是_____。
   A．电子邮件   B．文件传输
   C．远程登录   D．实时监测控制

15．关于 WWW 服务，以下说法中_____是错误的。
   A．WWW 服务采用的主要传输协议是 HTTP
   B．WWW 服务以超文本方式组织网络多媒体信息
   C．用户访问 Web 服务器可以使用统一的图形用户界面
   D．用户访问 Web 服务器不需要知道服务器的 URL 地址

16．在 Internet 上的计算机，下列描述中错误的是_____。
   A．一台计算机可以有一个或多个 IP 地址
   B．可以两台计算机共用一个 IP 地址
   C．每台计算机都有不同的 IP 地址
   D．所有计算机都必须有一个 Internet 上唯一的编号作为其在 Internet 上的标识

17．在 Internet 上，传输层的两种协议是_____和 UDP。
   A．TCP   B．ISP
   C．IP   D．HTTP

18．计算机网络系统中的硬件包括_____。
   A．服务器、工作站、连接设备和传输介质   B．网络连接设备和传输介质
   C．服务器、工作站、连接设备   D．服务器、工作站和传输介质

19．当网络中任何一个工作站发生故障时，都有可能导致整个网络停止工作，这种网络的拓扑结构为_____结构。
   A．星型   B．树型
   C．总线型   D．环型

20．域名与 IP 地址一一对应，Internet 是靠_____完成这种对应关系的。

A. TCP
B. PING
C. DNS
D. IP

21．两个同学正在网上聊天，他们最可能使用的软件是_____。
A．IE
B．Netants
C．Word
D．QQ

22．世界上最大的计算机网络被称为_____。
A．OICQ
B．Internet
C．www
D．CERNET

23．当使用QQ进行网络聊天时，用户的计算机必须_____。
A．连入因特网
B．装有Modem
C．配备话筒
D．以上都要具备

24．缩写WWW表示的是_____，它是Internet提供的一项服务。
A．局域网
B．广域网
C．万维网
D．网上论坛

25．如果你正在研究某个科研课题，为缺乏资料而发愁时，那么通过_____便可以访问世界上许多图书馆和研究所，轻而易举地得到一些珍贵资料。
A．电视
B．报纸
C．网上图书馆
D．电话

26．计算机网络建立的主要目的是实现计算机资源的共享，计算机资源主要是指计算机的_____。
A．软件与数据库
B．服务器、工作站与软件
C．硬件、软件与数据
D．通信子网与资源子网

27．按覆盖的地理范围进行分类，计算机网络可以分为三类_____。
A．局域网、广域网与X.25网
B．局域网、广域网与宽带网
C．局域网、广域网与ATM网
D．局域网、广域网与城域网

28．OSI网络结构模型共有7层，而TCP/IP网络结构主要可以分为4层：物理层、网络层、运输层和应用层，其中TCP/IP的应用层对应于OSI的_____。
A．应用层
B．表示层
C．会话层
D．以上三个都是

29．目前，世界上规模最大、用户最多的计算机网络是Internet，下面关于Internet的叙述中，错误的是_____。
A．Internet由主干网、地区网和校园网（企业或部门网）等多级网络组成
B．WWW（World Wide Web）是Internet上最广泛的应用之一
C．Internet使用TCP/IP协议把异构的计算机网络进行互连
D．Internet的数据传输速率最高达10Mbps

30．在以下WWW网址中，_____不符合WWW网址书写规则。
A．www.163.com
B．www.nk.cn.edu
C．www.863.org.cn
D．www.tj.net.jp

31．下列说法中错误的是_____。

A. TCP 协议可以提供可靠的数据流传输服务
B. TCP 协议可以提供面向连接的数据流传输服务
C. TCP 协议可以提供全双工的数据流传输服务
D. TCP 协议可以提供面向非连接的数据流传输服务

32. 某台主机的域名为 public.cs.hn.cn，其中_____为主机名。
A. public
B. cs
C. hn
D. cn

33. 在 Internet 上给在异地的同学发一封邮件，是利用了 Internet 提供的_____服务。
A. FTP
B. E-mail
C. Telnet
D. BBS

34. 某台主机的域名为 www.cisco.com，其中".com"一般表示的是_____。
A. 网络机构
B. 教育机构
C. 商业机构
D. 政府机构

35. 通过电话线拨号入网，_____是必备的硬件。
A. Modem
B. 光驱
C. 声卡
D. 打印机

36. 关于 Internet 中 FTP 的说法中不正确的是_____。
A. FTP 是 Internet 上的文件传输协议
B. 可将本地计算机的文件传到 FTP 服务器
C. 可在 FTP 服务器下载文件到本地计算机
D. 可对 FTP 服务器的硬件进行维护

37. 当 A 用户向 B 用户成功发送电子邮件后，B 用户没有开机，那么 B 用户的电子邮件将_____。
A. 退回给发信人
B. 保存在服务商的主机上
C. 过一会对方再重新发送
D. 永远不再发送

38. 在 IE 浏览器中，要重新载入当前页，可单击工具栏的_____按钮。
A. 后退
B. 前进
C. 停止
D. 刷新

39. Internet Explorer 是指_____。
A. 统一资源定位器
B. IP 地址
C. 超文本标记语言
D. 浏览器

40. http://www.Peopledaily.om.cn/channel/main/welcome.htm 是一个典型的 URL，其中 welcome.htm 表示_____。
A. 协议类型
B. 主机域名
C. 路径
D. 网页文件名

41. 在 Internet 中，统一资源定位器的英文缩写是_____。
A. URL
B. HTTP
C. WWW
D. HTML

42. 在 IE 浏览器中载入新的 Web 页，可通过_____操作。

A．在地址框中输入新的 Web 地址
B．单击工具栏上的"刷新"按钮
C．单击工具栏上的"全屏"按钮
D．单击工具栏上的"停止"按钮

43．能唯一标识 Internet 网络中每台主机的是_____。
A．用户名   B．IP 地址
C．用户密码   D．使用权限

44．下面一些因特网上常见的文件类型，一般代表 WWW 页面的文件扩展名是_____。
A．htm   B．txt
C．gif   D．wav

45．在 Internet Explorer 浏览器中，"收藏夹"收藏的是_____。
A．文件或文件夹   B．网站的内容
C．网页的地址   D．网页的内容

46．在 Internet Explorer 浏览器中要保存一个网址，须使用_____功能。
A．历史   B．收藏
C．搜索   D．转移

47．用 IE 访问网页的时候，鼠标指针移到存在超链接部位时，形状通常变为_____。
A．闪烁状态   B．箭头形状
C．手形   D．旁边出现一个问号

48．下列属于搜索引擎的是_____。
A．Outlook   B．Yahoo
C．Excel   D．Word

49．http．//www.peopledaily.com.cn/channel/main/welcome.htm 是一个典型的 URL，其中 www．peopledaily.com.cn 表示_____。
A．协议类型   B．主机域名
C．路径   D．文件名

50．Internet 的两种主要接入方式是_____。
A．广域网方式和局域网方式
B．专线入网方式和拨号入网方式
C．Windows NT 方式和 Novell 网方式
D．远程网方式和局域网方式

参考答案

第 7 章

网页制作基础

1. Dreamweaver CS6 中用于换行的快捷键是_____。
   A. Shift+Enter　　　　　　　　B. Ctrl+Enter
   C. Alt+Enter　　　　　　　　　D. Enter
2. Flash 动画的扩展名为_____。
   A. *.flv　　　　　　　　　　　B. *.swf
   C. *.swt　　　　　　　　　　　D. *.fla
3. 将水平线的宽度值设为_____时,可以随着浏览器的窗口大小而随之变化。
   A. 50 像素　　　　　　　　　　B. 100 像素
   C. 50 百分比　　　　　　　　　D. 100 百分比
4. JPEG 文件是用于为图像提供一种"有损耗"压缩的图像格式,以下_____不属于它的特点。
   A. 具有丰富的色彩,最多可以显示 1670 万种颜色
   B. 使用有损压缩方案,图像在压缩后会有细节的损失
   C. JPEG 格式的图像比 GIF 格式的图像大,下载速度更慢
   D. 图像边缘的细节损失严重,所以不适合包含鲜明对比的图像或文本的图像
5. 若要将链接文件加载到未命名的新浏览器窗口中,应选择_____。
   A. _blank　　　　　　　　　　B. _parent
   C. _self　　　　　　　　　　　D. _top
6. 以下说法中正确的是_____。
   A. 普通按钮很不美观,为了设计需要,常常使用图像代替按钮,通常使用图像域来提交数据
   B. 一般情况下,表单中只设有普通按钮
   C. 提交按钮的作用是,将表单数据提交到系统中进行存档
   D. 重置按钮的作用是,将表单的内容还原为初始状态
7. 下面关于插入图像的绝对路径与相对路径的说法中,错误的是_____。
   A. 在 HTML 文档中插入图像其实只是写入一个图像链接的地址,而不是真的把图像插入到文档中
   B. 使用文档路径引用时,Dreamweaver 会根据 HTML 文档与图像文件的相对位置来创

建图像路径

C. 站点根目录相对引用会根据 HTML 文档与站点的根目录的相对位置来创建图像路径

D. 如果要经常进行文件夹位置的改动，推荐使用绝对地址

8. 利用属性面板设置电子邮件链接时，在"链接"文本框中输入邮件地址时，要在前面添加_____。

A. email
B. mailto:
C. sendto
D. mailto

9. 在 Dreamweaver CS6 中，不可以插入的图片格式为_____。

A. PNG
B. GIF
C. JPG
D. TMP

10. 下面关于网站制作的说法中，错误的是_____。

A. 首先要定义站点

B. 最好把素材和网页文件放在同个文件夹下以便上传方便

C. 首页的文件名必须是 index.html

D. 一般在制作时，站点一般定义为本地站点

11. 下面关于编辑主体页面的内容的说法中，正确的是_____。

A. 表单的执行不需要服务器端的支持

B. 对于网页内容元素的定位不可以使用表格

C. 一些复杂的网页布局效果可以使用图片，如转角图片等

D. 以上说法都错

12. 网站的上传可以通过_____。

A. FTP 软件
B. Flash 软件
C. Fireworks 软件
D. Photoshop 软件

13. 在 Dreamweaver CS6 中，可以为图像创建热点，下面的_____热点属性不可以进行设置。

A. 热点的形状
B. 热点的位置
C. 热点的大小
D. 热点区鼠标的灵敏程度

14. 在 Dreamweaver CS6 中，为图像建立热点，热点形状可以为_____。

A. 圆形
B. 正方形
C. 多边形
D. 以上都是

15. 若要使访问者无法在浏览器中通过拖动边框来调整框架的大小，则应在框架的属性面板中设置_____。

A. 将"滚动"设为"否"
B. 将"边框"设为"否"
C. 选中"不能调整大小"
D. 设置"边界宽度"和"边界高度"

16. 在 Dreamweaver CS6 中，设置分框架属性时，选择设置 scroll 的下拉参数为 auto，其表示_____。

A. 在内容可以完全显示时不出现滚动条，在内容不能被完全显示时自动出现滚动条

B. 无论内容如何都不出现滚动条

C. 不管内容如何都出现滚动条

D．由浏览器来自行处理

17．下面不能在文字属性面板中设置的是_____。
  A．文字的格式　　　　　　　　B．热点
  C．对齐方式　　　　　　　　　D．超链接

18．以下属于静态网页的是_____。
  A．index.asp　　　　　　　　　B．index.jsp
  C．index.html　　　　　　　　D．index.php

19．关于超链接的说法中，正确的是_____。
  A．一个超链接是由被指向的目标和指向目标的链指针组成
  B．超链接只能是文本内容
  C．超链接的目标可以是不同网址、同一文件的不同部分、多媒体信息，但不能是应用程序
  D．当单击超链接时，浏览器将下载 Web 地址

20．下列各项中，不是 CSS 样式表优点的是_____。
  A．对于设计者来说，CSS 是一种简单、灵活、易学的工具，能使任何浏览器都听从指令，知道该如何显示元素及其内容
  B．CSS 可以用来在浏览器的客户端进行程序编制，从而控制浏览器等对象操作，创建出丰富的动态效果
  C．一个样式表可以用于多个页面，甚至整个站点，因此具有更好的易用性和扩展性
  D．使用 CSS 样式表定义整个站点，可以大大简化网站建设，减少设计者的工作量

参考答案

参考文献

[1] 邓昶,吴军强. 大学计算机应用基础. 北京:中国铁道出版社,2013.
[2] 吴卿. 办公软件高级应用考试指导 Office 2010. 杭州:浙江大学出版社,2014.
[3] 李凤霞. 大学计算机. 北京:高等教育出版社,2014.
[4] 贾小军. 大学计算机(Windows 7+Office 2010 版). 长沙:湖南大学出版社,2013.
[5] 黄桂林. Word 2010 文档处理案例教程. 北京:航空工业出版社,2012.
[6] 王鹏. 计算机应用基础. 北京:北京航空航天大学出版社,2012.
[7] 郭燕. PowerPoint 2010 演示文稿制作. 北京:航空工业出版社,2012.
[8] 计算机组装实验报告.http://wenku.baidu.com/view/90cc1302bed5b9f3f90f1cdc.html,2015.3.29
[9] 郑晓薇. 汇编语言(第 2 版). 机械工业出版社,2014.
[10] 陈宝明等. 大学计算机基础上机实验指导(第三版). 北京:中国铁道出版社,2009.

反侵权盗版声明

电子工业出版社依法对本作品享有专有出版权。任何未经权利人书面许可，复制、销售或通过信息网络传播本作品的行为；歪曲、篡改、剽窃本作品的行为，均违反《中华人民共和国著作权法》，其行为人应承担相应的民事责任和行政责任，构成犯罪的，将被依法追究刑事责任。

为了维护市场秩序，保护权利人的合法权益，我社将依法查处和打击侵权盗版的单位和个人。欢迎社会各界人士积极举报侵权盗版行为，本社将奖励举报有功人员，并保证举报人的信息不被泄露。

举报电话：（010）88254396；（010）88258888
传　　真：（010）88254397
E-mail：　dbqq@phei.com.cn
通信地址：北京市万寿路173信箱
　　　　　电子工业出版社总编办公室
邮　　编：100036